全球科学数据出版态势分析报告
2016—2020

周园春　周德进　李　华　王　素　廖方宇　著

电子工业出版社
Publishing House of Electronics Industry
北京·BEIJING

内 容 简 介

本书对科学数据出版的发展历史进行了回顾总结，重点梳理了2016—2020年科学数据出版在不同学科领域的发展趋势、期刊和出版商的数据政策、不同国家的科学数据出版实践等方面的态势，分析了科学数据出版变化情况；同时，从论文和专利引用角度展示了科学数据出版的工作成效。此外，本书以中国的科学数据出版与共享实践为例进行典型案例分析，并对科学数据出版建设提出建议。

本书适合科研人员、学术期刊编辑、科研管理人员，以及其他与科学数据生产、管理、共享工作相关的人员阅读参考。

未经许可，不得以任何方式复制或抄袭本书之部分或全部内容。
版权所有，侵权必究。

图书在版编目（CIP）数据

全球科学数据出版态势分析报告：2016—2020 / 周园春等著. —北京：电子工业出版社，2022.12
ISBN 978-7-121-43841-7

Ⅰ．①全… Ⅱ．①周… Ⅲ．①科学研究－数据管理－出版工作－研究报告－世界－2016-2020 Ⅳ．①G31

中国版本图书馆CIP数据核字（2022）第193608号

责任编辑：徐蔷薇
印　　刷：北京盛通印刷股份有限公司
装　　订：北京盛通印刷股份有限公司
出版发行：电子工业出版社
　　　　　北京市海淀区万寿路173信箱　　邮编：100036
开　　本：720×1 000　1/16　印张：6.75　字数：98千字
版　　次：2022年12月第1版
印　　次：2022年12月第1次印刷
定　　价：88.00元

凡所购买电子工业出版社图书有缺损问题，请向购买书店调换。若书店售缺，请与本社发行部联系，联系及邮购电话：（010）88254888，88258888。
质量投诉请发邮件至zlts@phei.com.cn，盗版侵权举报请发邮件至dbqq@phei.com.cn。
本书咨询联系方式：xuqw@phei.com.cn。

前　言

科学数据共享在 2016—2020 年的五年里[1]得到了越发广泛的关注和国际社会的普遍认可。科学研究范式自身变革的需求和科学自纠错能力建设的内在需求，推动着科学数据的全球开放共享进程。技术的革新带来了"大数据"时代，以科学数据为中心的科研活动开创了科研新模式，极大地推动了各学科领域的研究进程；同时，精细化的小数据一如既往地在科研创新过程中起着关键性作用。在科学的自纠错能力上，科学数据共享可有效减少研究浪费、提升实验可复现性，并增进科研过程可信度。在一些具体实践过程中，阴性数据、空数据的共享行为同样受到鼓励。

过去的五年里，国际组织、政府、资金资助方、出版商、数据存储平台等各方力量对推动科学数据共享建设发挥了重要作用。

各国政府高度重视科学数据开放共享。 2003 年起，美国国家健康研究所（US National Institutes of Health，NIH）开始对资助项目的数据共享计划提出要求[1,2]；2018 年，中国颁布《科学数据管理办法》，提出"政府预算资金资助形成的科学数据应当按照开放为常态、不开放为例外的原则"开展共享与利用工作[3]；2020 年，欧盟提出"欧洲地平线计划 2020"，对其资助项目的出版物开放获取、数据管理计划提出要求。

---

[1] 本书中提到的五年里或五年间均指 2016—2020 年。

2020年，联合国教科文组织（United Nations Educational, Scientific and Cultural Organization，UNESCO）起草并公开开放科学计划书（UNESCO Recommendation on Open Science，UROS），宣告开放科学的时代已经到来[4]，该计划书由联合国教科文组织成员国在联合国教科文组织大会第四十一届会议（2021年11月23日）上通过[5]。

学术出版商、学会、国际组织等在数据开放共享中起到了重要的推动作用。Springer Nature、Elsevier、Wiley、Taylor Francis、SAGE、IEEE等出版商以鼓励等方式推动数据出版工作的全球范围实践。2016年，数据管理的FAIR原则发表[6]，并迅速在全球范围内掀起了GO FAIR运动。此外，国际科技与医学出版商协会（International Association of Scientific, Technical & Medical Publishers，STM）将2020年定为STM研究数据年，并获得全球21家出版商、13 064种期刊的加入[7]。STM TREND 2025进一步提出"寻求信任和真理的源泉"的行业预测与号召[8]。

全球合作，攻坚克难迫切需要科学数据开放共享。2020年，新型冠状病毒肺炎（Corona Virus Disease 2019，COVID-19）疫情席卷全球，全球科学家携手面对疫情，并在合作过程中实现了科学数据开放共享文化建设和实践的进一步发展。国际组织在这其中起到了积极的推动作用，例如，研究数据联盟（Research Data Alliance，RDA）组织专家工作组发布了《RDA COVID-19数据共享的建议与准则》[9]，重点聚焦临床（Clinical）、组学（Omics）、流行病学（Epidemiology）和社会学（Social Science）领域数据开放共享，在提升数据共享即时性、确保共享行为符合伦理规范等方面给予有效指导。

科学数据出版作为科学数据开放共享的重要实践方式，正逐步推动科学数据开放共享的前进，本书通过呈现科学数据出版过去五年里的统计情况，重点关注数据关联论文出版及数据论文出版两种数据出版模式的发展趋势，揭示科学数据出版现状。

本书具体内容安排如下：第 1 章回顾介绍科学数据出版的发展历程和主要实践模式；第 2 章阐述本书中所有图表数据的采集、计算方法；第 3 章、第 4 章分别揭示 2016—2020 年间全球科学数据出版的变化态势和科学数据出版的成效情况；第 5 章以 COVID-19 这一突发公共事件为研究统计对象，尝试揭示相关领域的科学数据出版实践情况；第 6 章以中国的科学数据出版与共享实践为例，进行典型案例分析；第 7 章得出分析结论，并对科学数据出版建设提出建议。

关于本书存在的问题。在本书的数据整理过程中，我们很遗憾地发现，独立的数据出版模式尚无法系统地进行梳理分析。除此之外，本书在数据关联论文的实践情况分析中，并未对出版的数据本身进行直接分析，仅对其支撑论文的发展趋势进行了揭示，这也与我们在本书撰写过程中能够整理到的支撑数据有限，不足以展现相关趋势有关；同时，数据引用规范的不足、数据引文文化欠缺也是较为突出的现象。在此，本书呼吁完善独立的数据出版实践规范，加强数据出版过程的分类管理、元数据加工等方面的工作。

提升高质量科学数据的出版与共享是一项系统性的复杂工作，甚至是改变科研人员科研习惯的一场变革。本书团队将持续追踪数据出版各类实践情况的发展趋势。

本书原始数据来自 Elsevier 的 Scopus 数据库、SciVal 数据库和 Data Monitor 数据库，数据统计的时间范围为 2016—2020 年的连续五年（COVID-19 部分的统计数据来自 2020 年）。感谢 Elsevier 团队对数据整理工作的支持。

本书数据整理、图表绘制工作由中国科学院计算机网络信息中心姜璐璐、张泽钰协助完成,部分调研素材由姜璐璐、李成赞、孔丽华、张泽钰、李莉、李宗闻、陈昕、盖虹羽协助提供。感谢各位在本书撰写过程中给予的帮助。

目 录

第 1 章 绪论 ·· 1
 1.1 科学数据出版的发展历史回顾 ·································· 2
 1.2 科学数据出版模式 ·· 4

第 2 章 本书撰写说明及数据采集计算方法介绍 ···················· 7
 2.1 年复合增长率（CAGR）的计算说明 ·························· 8
 2.2 领域加权引用影响指标说明 ····································· 9
 2.3 主题词聚类分布图绘制说明 ····································· 9

第 3 章 科学数据出版变化态势情况 ····································13
 3.1 不同学科领域的发展趋势差异显著 ··························16
  3.1.1 含关联数据的论文学科分布统计 ··················16
  3.1.2 数据论文的学科分布统计 ····························23
  3.1.3 学科分布趋势分析 ·······································30
 3.2 期刊和出版商的数据政策推动科学数据出版实践 ·····31
  3.2.1 含关联数据的论文期刊分布统计 ··················31
  3.2.2 期刊和出版商在数据论文出版上的实践情况 ····34
  3.2.3 期刊与出版商的影响趋势分析 ······················35
 3.3 不同国家的科学数据出版实践发展情况 ···················36
  3.3.1 含关联数据的论文署名国家、机构分布 ········36

  3.3.2 数据论文署名的国家、机构分布·····················38
  3.3.3 不同国家与机构的数据出版实践情况趋势··············40
 3.4 本章小结···41

第4章 科学数据出版成效···43
 4.1 论文引用情况统计···44
  4.1.1 按学科分类统计···47
  4.1.2 按国家统计···48
 4.2 专利引用情况统计···51
 4.3 本章小结···52

第5章 与COVID-19有关的科学数据出版情况分析············53

第6章 案例分析：中国的科学数据出版与共享实践············59
 6.1 中国的科学数据开放共享政策建设实践···························60
 6.2 《中国科学数据（中英文网络版）》的数据出版实践··········65
 6.3 中国的科学数据共享存储平台建设发展···························72

第7章 结论与建议···83

参考文献··90

中英文对照表··95

第1章
绪 论

1.1 科学数据出版的发展历史回顾

广义的科学数据出版是将科学数据实体文件及相关描述信息通过网络方式公开发布,使科学数据得以开放共享的行为与实践,它伴随着科学数据的产生而存在[10]。从出版语义的角度,科学数据出版是使科学数据获得"可溯源、可引用、质量可信、作者贡献可评价、可长期保存"等特征的活动和过程。作为一种正式的出版行为,数据出版不仅可以揭示数据科学质量和重要性,还能够为数据生产者带来声誉。数据出版同时是对数据长期保存的承诺,面向数据消费者的数据增值服务。从概念辨析的角度,数据出版与数据发表、数据发布、数据开放既关联又有区别[11]。

科学数据开放共享最早可追溯至1957—1958年间举办国际地球物理年会时所创建的 World Data Center 系统。该系统明确要求数据必须以"机器可读取"的格式存储,并尽可能增强数据的获取性[12]。数据开放共享实践主要是通过数据中心、数据仓储、机构知识库、数据服务网站等多种形式来发布和共享数据的。随着开放政府数据运动的推进,欧美等国家和地区及一些国际组织积极建设各种数据门户,帮助数据用户发现和利用政府数据和政府资助科研项目数据[13]。

随着科学数据开放共享的发展,学术界对科学数据出版的关注也不断深入。2010 年，国际科技数据委员会（Committee on Data for Science and Technology，CODATA）在其年会上提出了"数据出版"（Data Publishing）的概念。2011 年，国际科学理事会世界数据系统（World Data System，WDS）举办了"数据出版"主题讨论[10]。

早期，科学数据出版更多是期刊机构在发表论文时为了防止科研数据造假，保证学术论文结论与数据的可再现性及数据被复用[14]，要求作者将相关数据以附件形式进行出版。例如，*Science*、*Nature*、BMC 等诸多学术期刊及出版社均对科研数据的存储及传播规定明确政策，要求作者在发表论文时按照期刊的数据要求提交科研数据，并将共享原始数据集作为论文发表的条件之一[15]。

随着科技的飞速发展，科学数据在数据密集型科研范式的科研活动中已成为越来越重要的支撑要素，科学数据出版也日渐由期刊出版商驱动的以附件形式发表的传统科学数据出版拓展到科研领域众多主体协同合作、共同推动的数据论文发表的科学数据出版方式，并成为促进科学数据共享的有效途径之一，受到数据共享领域和出版界的高度重视。这种科学数据出版是对"数据及其信息"进行"出版"，由"提交数据、存储数据、质量评审、发表数据信息，以及对数据引用和评价"等关键环节构成基本的数据出版体系[14]。

尤其是 21 世纪以来，各类数据存储库和数据共享平台不断发展，不仅可以直接发布数据，作为传统期刊附件材料的存储依托，还陆续出现了专门出版数据论文的新型数据期刊，如 *Earth System Science Data*、*Biodiversity Data Journal*、*Scientific Data* 等[10]。此外，从时间及数量规模上看，独立数据出版历史悠久，已经形成庞大的出版规模。数据论文出版的出现时间较短,在年度出版数量上虽然增加迅速,但是从规模上看仍然处于初期发展阶段[16]。

1.2 科学数据出版模式

对科学数据出版模式的划分因视角不同而各存差异,较为主流的划分方式为独立数据出版、论文关联数据出版和数据论文出版。

独立数据出版模式是将数据作为独立的对象提交、存储至各类开放存取的数据发布服务平台,包括各类数据存储库(通用/领域/机构)、数据中心、数据服务网站等,并依托数据平台进行数据的发布服务。不同学科领域或科研机构有不同的数据存储库,比较知名的包括 GenBank、The Cambridge Structural Database、PANGAEA 等。常见的通用型存储平台包括 Dryad、Figshare、Zenodo、Science Data Bank(ScienceDB)等。

论文关联数据出版模式是将数据作为传统出版物特别是学术论文的补充和关联内容进行出版。该模式主要由期刊出版商通过制定数据共享政策,从数据提交、数据审查、数据存储、数据服务、数据权益管理等方面对作为论文附件的数据出版加以控制和规范,以实现论文和数据的关联出版,其中影响范围和影响力度较大的包括美国科学促进会(AAAS)、施普林格·自然出版集团(Springer Nature)、美国科学公共图书馆(PLoS)等的数据政策。在这种模式下,数据可以由期刊进行存储,也可以通过专门的第三方数据存储库进行存储[10]。

数据论文出版模式是将数据生产者按照一定科学规范形成的观察、实验、计算分析等原始数据或集成数据库（集）通过专门的数据论文进行描述，以促进数据的可发现、可获取、可理解和再利用。在该模式下，通过数据论文将科学数据作为一种学术成果进行出版，具体包括发表在专门数据期刊的数据论文和发表在综合性期刊的数据论文。数据论文是按照学术出版标准、以结构化且可读的形式描述一个或一组特定数据集的元数据文档。作为可引用的期刊出版物，数据论文不仅揭示了数据的内容、价值、功用等关键信息，还能为数据作者、出版商带来相应的学术认可与声誉，同时在广泛传播过程中进一步引起学术界对科学数据的关注。完整的数据论文出版包括数据类型、发布时间、共享规范、作者声誉、同行评审、错误纠正等核心要素。目前，已有越来越多的期刊专注于科学数据出版，如 *Data in Brief*、*Scientific Data*、*Earth System Science Data*，以及国内的《中国科学数据》《全球变化数据学报》等[11,16,17]。

第2章
本书撰写说明及数据采集计算方法介绍

本书通过对五年间出版的数据关联论文、数据论文情况进行统计，并由此初步估测数据关联论文出版模式、数据论文出版模式的发展趋势。对于独立的数据出版模式，本书仅进行简单的发表数量呈现，未进行深度的揭示分析。

本书统计数据来自 Elsevier 的 Scopus 数据库、SciVal 数据库和 Data Monitor 数据库，数据统计的时间范围为 2016—2020 年的连续五年（COVID-19 部分的统计数据来自 2020 年）。其中，第 5 章和第 6 章涉及论文引用情况的数据，统计时间均为 2021 年 10 月 6 日。此外，本书涉及的学科分类数据均采用 ASJC 代码标准统计整理，统计覆盖的每篇论文可能同时归属于多个学科分类。

2.1 年复合增长率（CAGR）的计算说明

年复合增长率（Compound Annual Growth Rate，CAGR）是指在特定时期内的年度增长率。计算方法为总增长率百分比的 n 方根减 1，n 等于统计覆盖年数减 1（终止年与起始年之差）。

其计算公式为

$$\text{CAGR}(t_0, t_n) = \left(\frac{V(t_n)}{V(t_0)}\right)^{\frac{1}{t_n - t_0}} - 1$$

本书的 CAGR(2016,2020) 计算中的基础年 $t_0 = 2016$，现有年 $t_n = 2020$，$t_n - t_0 = 4$，即

$$\text{CAGR}(2016,2020) = \left(\frac{\text{Value}_{2020}}{\text{Value}_{2016}}\right)^{\frac{1}{4}} - 1$$

本书均将 CAGR(2016,2020) 简写为 CAGR。

2.2 领域加权引用影响指标说明

领域加权引用影响指标（Field-Weighted Citation Impact，FWCI）是文献实际被引用的总数与该学科领域预计引用平均值之比，它适用于任何文献的引用影响计算。

（1）当 FWCI 为 1 时，表示文献引用数正好为预期的全球平均水平。

（2）当 FWCI 大于 1 时，表示文献引用数超过预期的全球平均水平。例如，当 FWCI=1.48 时，表示文献引用数比预期的全球平均引用数多 48%。

（3）当 FWCI 小于 1 时，表示文献引用数低于预期的全球平均水平。

FWCI 会考虑到跨学科研究行为的差异，这对于结合了若干不同领域的文献而言具备客观性。

2.3 主题词聚类分布图绘制说明

本书在 3.1 节中呈现了主题词聚类分布图，分布图由车轮（Wheel）与气泡（Bubbles）组成，分布图含义与绘制计算方法说明如下。

（1）每个气泡代表一个主题词聚类（Topic Cluster，TC）。

（2）气泡的大小表示该 TC 下的论文数量，这意味着同一个 TC 的气泡在不同检索条件下可以呈现出不同的半径，但它的圆心在分布图上的位置是不变的。

（3）气泡的所处位置取决于发表学术成果所在期刊的学科领域。

① 每个气泡的具体位置与整个 TC 相关，不受查询条件的影响。

② 某一学科领域对某一 TC 的影响越大，越能将该 TC 带向分布图的一侧。因此，越靠近车轮中心的 TC，越有可能存在多学科交叉。

③ 需要注意的是，实际中存在某一 TC 位于车轮的边缘但仍被视为存在多学科交叉的情况，因为它可能受到位于车轮同一侧的许多学科的影响。

（4）气泡半径的计算过程如下：

```
maxRadius = 80

minRadius = 8

denominator = maxVal – minVal

if(denominator == 0) denominator = 1

Topic Circle radius = ((maxRadius - minRadius) * (scholarlyOutputofTopic - minVal) / denominator + minRadius)
```

其中，"最大值"和"最小值"的产生基于所选时间段和学科领域内每次查询获得的论文数量（scholarlyOutputofTopic）。这意味着"最大值"可能因具体的时间段和主题的不同而有所差异。

例如，在图 2-1 中，研究人员在"Eye; Eye movements; Vergence eye"

这个 TC 下发表了 7 项学术成果。2014—2019 年,全球在该领域共有 130 项学术成果输出。这一主题的文章主要发表在医学领域,少量发表在神经科学领域,所以气泡绘制在分布图医学区域的边缘。

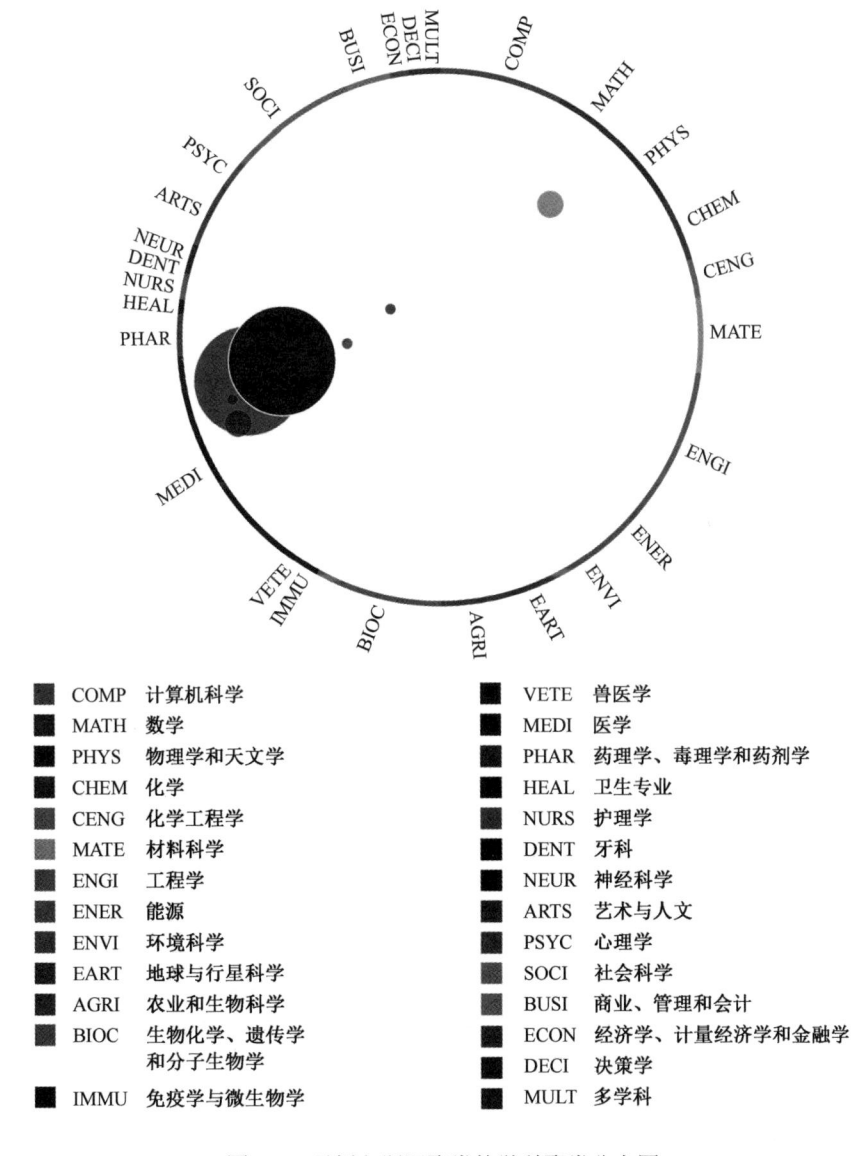

■	COMP	计算机科学	■	VETE	兽医学
■	MATH	数学	■	MEDI	医学
■	PHYS	物理学和天文学	■	PHAR	药理学、毒理学和药剂学
■	CHEM	化学	■	HEAL	卫生专业
■	CENG	化学工程学	■	NURS	护理学
■	MATE	材料科学	■	DENT	牙科
■	ENGI	工程学	■	NEUR	神经科学
■	ENER	能源	■	ARTS	艺术与人文
■	ENVI	环境科学	■	PSYC	心理学
■	EART	地球与行星科学	■	SOCI	社会科学
■	AGRI	农业和生物科学	■	BUSI	商业、管理和会计
■	BIOC	生物化学、遗传学和分子生物学	■	ECON	经济学、计量经济学和金融学
			■	DECI	决策学
■	IMMU	免疫学与微生物学	■	MULT	多学科

图 2-1 示例主题词聚类的学科聚类分布图

第 3 章
科学数据出版变化态势情况

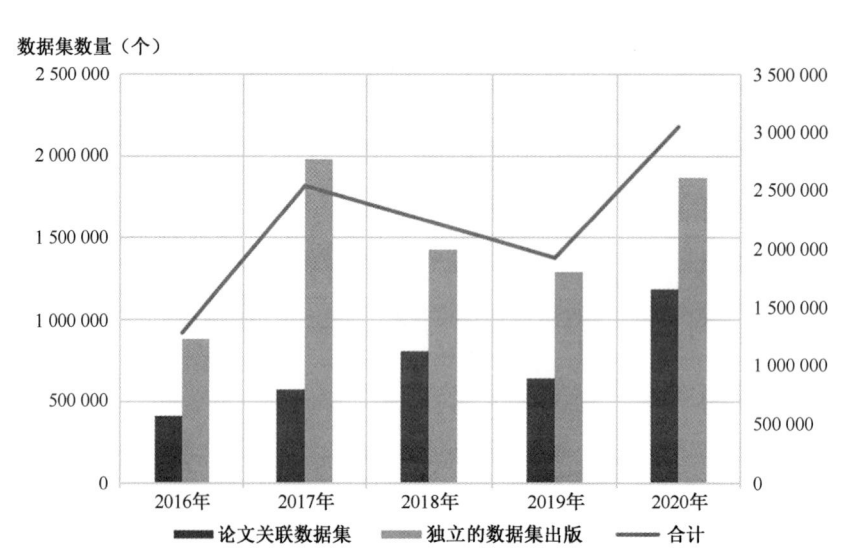

2016—2020年，全球范围内的科学数据集出版总量增长显著（见图3-1）。

图 3-1　2016—2020 年全球数据集出版数量情况统计

在数据集的出版数量统计上，用于支撑论文发表的数据集出版量具有较高涨幅（CAGR=30.5%），独立的数据出版数量虽有起伏，但年复合增长率也达到了 20.6%。从占有率上看，独立的数据出版模式是最主要的实践方式，但论文关联数据集的出版占比正在稳步提升。从出版数据集的总数上统计，五年间全球出版数据集的年复合增长率达到了 23.99%。

2016—2020 年全球各类论文出版数量统计情况如图 3-2 所示。在对应出版论文的情况上，数据论文的出版数量涨幅最高（CAGR = 29.6%），数据关联论文出版量的 CAGR 约达 17.5%，总体增长情况十分可观。与全球论文出版数量的 CAGR（4.0%）相比，两种实践方式出版的论文数量增长优势突出。从占比上统计，数据论文与公开数据的论文在全球出版物中的总占比还很小（约占1.9%），但其增长速率不容小觑。

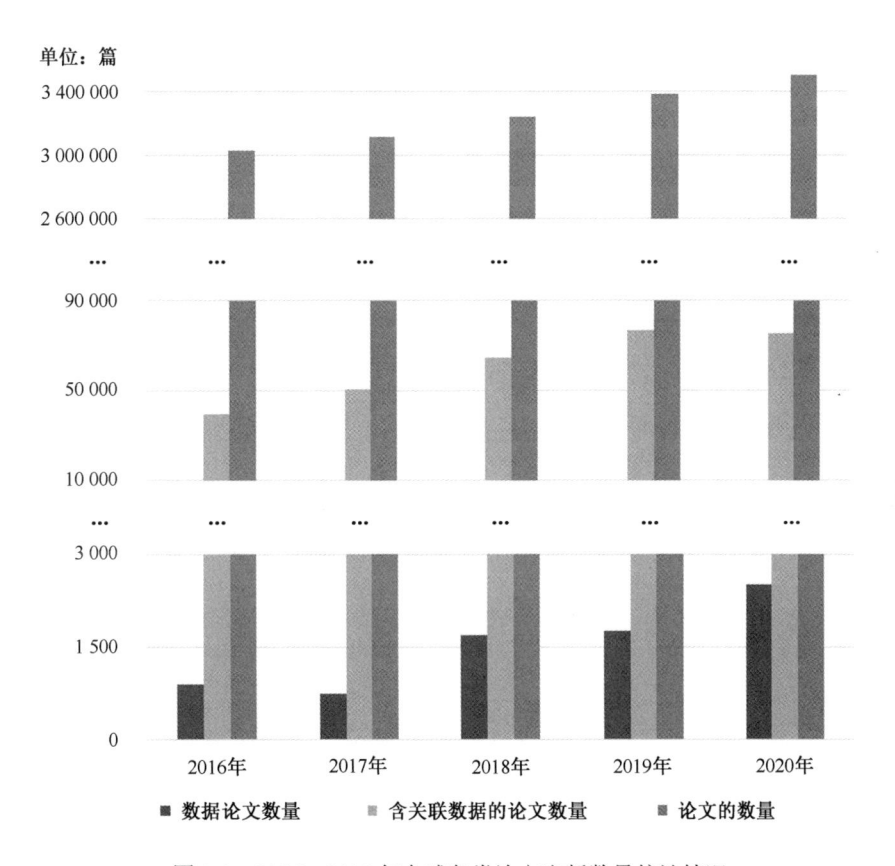

图 3-2　2016—2020 年全球各类论文出版数量统计情况

接下来，本章将从不同学科领域的发展趋势差异显著、期刊和出版商的数据政策推动科学数据出版实践，以及不同国家的科学数据出版实践发展情况等方面，对过去五年出版的含关联数据的论文数量、数据论文数量进行统计，并由此初步估测数据出版在全球的发展趋势。

3.1 不同学科领域的发展趋势差异显著

科学数据出版在不同学科领域的实践存在非常明显的差异,这与不同领域的研究方法、共享氛围及共享文化有着紧密的联系。我们欣喜地发现,过去五年间数据出版在一些研究领域实现了从无到有的变化,且在有些领域实现了大踏步的快速发展。

3.1.1 含关联数据的论文学科分布统计

从各学科领域含关联数据的论文发表总量来看(见图3-3),化学领域的出版量最高,占五年总量的32.4%;医学(占比为29.1%)及生物化学、遗传学和分子生物学(占比为25.0%)分列第二位、第三位。

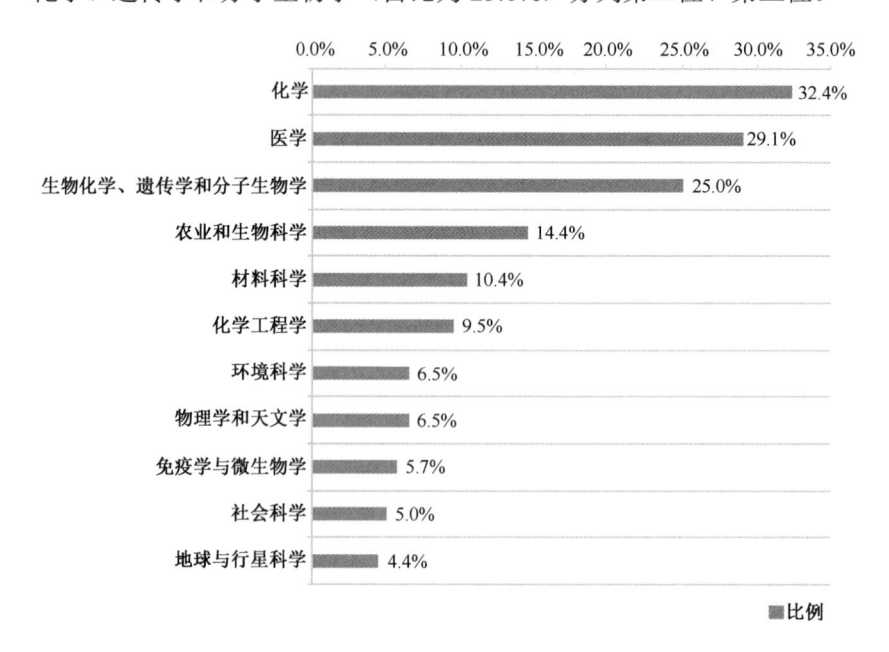

学科	比例
化学	32.4%
医学	29.1%
生物化学、遗传学和分子生物学	25.0%
农业和生物科学	14.4%
材料科学	10.4%
化学工程学	9.5%
环境科学	6.5%
物理学和天文学	6.5%
免疫学与微生物学	5.7%
社会科学	5.0%
地球与行星科学	4.4%

图3-3 各学科领域含关联数据的论文学科分布占比情况(2016—2020年)

从各学科领域含关联数据的论文逐年发表量数据上看（见图 3-4），2016—2018 年，化学领域一直是含关联数据的论文发表量最高的研究领域；2019 年，医学领域的含关联数据的论文发表量有了大幅度提升，排名当年发文量第一位；2020 年，大多领域含关联数据的论文发表量有小幅下滑，但医学领域含关联数据的论文发表量继续保持快速增长。

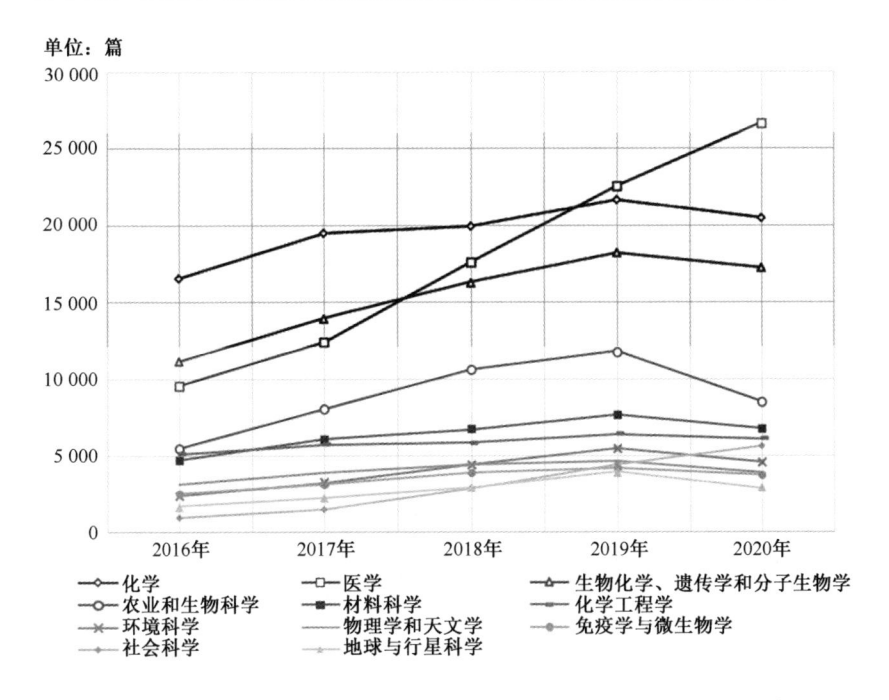

图 3-4 各学科领域含关联数据的论文逐年发表量统计（2016—2020 年）

从年复合增长率上统计，社会科学最高（CAGR=54.9%），紧随其后的是医学（CAGR=29.4%）、环境科学（CAGR=18.0%）、地球与行星科学（CAGR=14.0%）、农业和生物科学（CAGR=11.6%）领域。

根据 2016—2020 年全球发表的含关联数据的论文主题标注，本书绘制形成了含关联数据的论文主题词聚类的分布图（见图 3-5），由此呈现五年间发表含关联数据的论文学科领域交叉情况。依据论文数

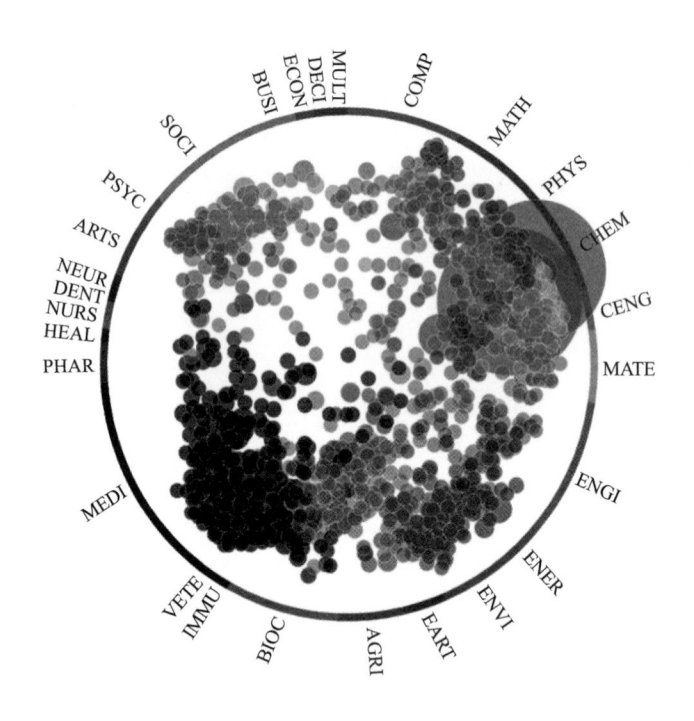

	COMP	计算机科学		VETE	兽医学
	MATH	数学		MEDI	医学
	PHYS	物理学和天文学		PHAR	药理学、毒理学和药剂学
	CHEM	化学		HEAL	卫生专业
	CENG	化学工程学		NURS	护理学
	MATE	材料科学		DENT	牙科
	ENGI	工程学		NEUR	神经科学
	ENER	能源		ARTS	艺术与人文
	ENVI	环境科学		PSYC	心理学
	EART	地球与行星科学		SOCI	社会科学
	AGRI	农业和生物科学		BUSI	商业、管理和会计
	BIOC	生物化学、遗传学和分子生物学		ECON	经济学、计量经济学和金融学
				DECI	决策学
	IMMU	免疫学与微生物学		MULT	多学科

图 3-5　2016—2020 年全球发表的含关联数据的论文主题词聚类的分布图

量由高到低，对图 3-5 中的主题词聚类进行排序，本书筛选出排名前 500 位的主题词聚类集合，并对该集合内的主题词聚类依照不同指标进行排序。

从发表论文数量的排名来看（图 3-6 呈现出排名前十位的主题词聚类），发表含关联数据的论文数据量最多的主题词聚类为［催化作用；合成（化学）；催化剂］。选取图 3-6 中排名前三位的主题词聚类，分析其覆盖论文的学科分布情况，如图 3-7 所示。

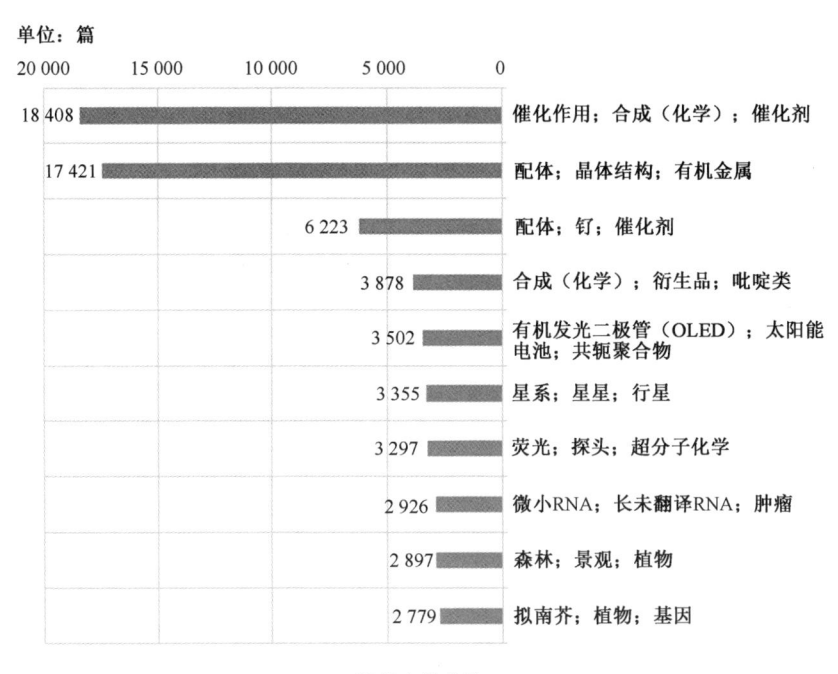

单位：篇

主题词聚类	论文发表量
催化作用；合成（化学）；催化剂	18 408
配体；晶体结构；有机金属	17 421
配体；钌；催化剂	6 223
合成（化学）；衍生品；吡啶类	3 878
有机发光二极管（OLED）；太阳能电池；共轭聚合物	3 502
星系；星星；行星	3 355
荧光；探头；超分子化学	3 297
微小RNA；长未翻译RNA；肿瘤	2 926
森林；景观；植物	2 897
拟南芥；植物；基因	2 779

注：每个主题词聚类由三个主题词构成，以分号分割。

图 3-6　含关联数据的论文发表量排名前十位的主题词聚类统计

主题词聚类：基因组；肿瘤；基因

- 农业和生物科学，1%
- 环境科学，0%
- 其他，1%
- 生物化学、遗传学和分子生物学，5%
- 药理学、毒理学和药剂学，0%
- 医学，10%
- 计算机科学，22%
- 社会科学，13%
- 多学科领域，21%
- 决策学，13%
- 数学，14%

主题词聚类：配体；晶体结构；有机金属

- 能源，2%
- 环境科学，2%
- 药理学、毒理学和药剂学，1%
- 工程学，3%
- 医学，0%
- 生物化学、遗传学和分子生物学，4%
- 化学，40%
- 化学工程，12%
- 物理学和天文学，12%
- 材料科学，23%

主题词聚类：配体；钌；催化剂

- 环境科学，3%
- 工程学，2%
- 药理学、毒理学和药剂学，1%
- 物理学和天文学，4%
- 多学科，1%
- 能源学，5%
- 其他，3%
- 化学，43%
- 生物化学、遗传学和分子生物学，8%
- 材料科学，14%
- 化学工程，16%

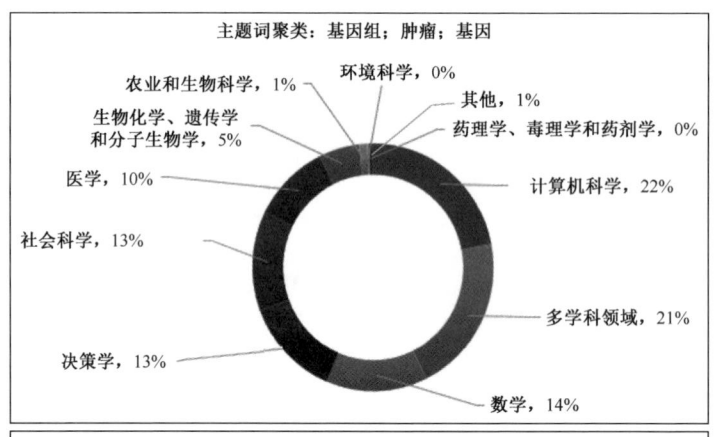

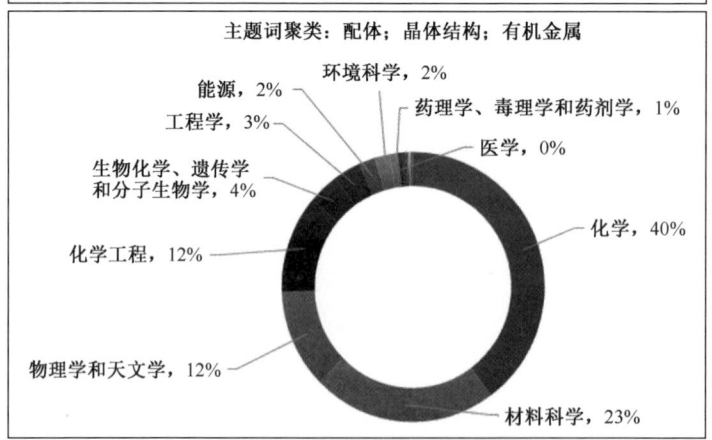

注：每个主题词聚类由三个主题词构成，以分号分割。图内占比量为0%的学科，实际占比值不足0.5%，四舍五入后为0%。

图3-7 含关联数据的论文发表数据排名前三位的主题词聚类学科交叉情况统计

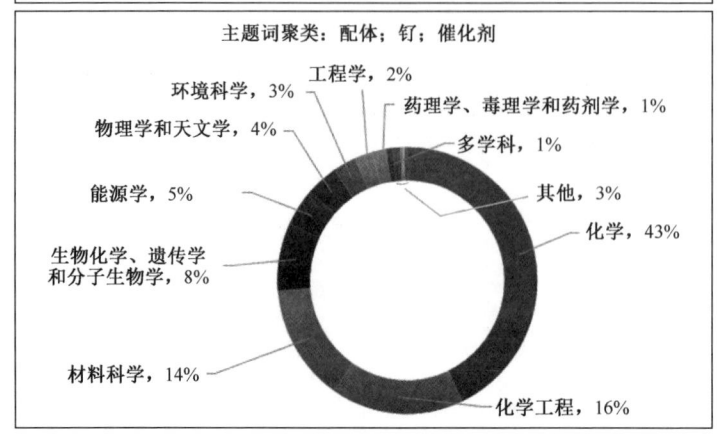

从论文的 FWCI 指数排名来看（见图 3-8），FWCI 指数最高的主题词聚类为（COVID-19；SARS-CoV-2；冠状病毒）。从图 3-8 中选取排名前三位的主题词聚类，分析其覆盖论文的学科分布情况，如图 3-9 所示。

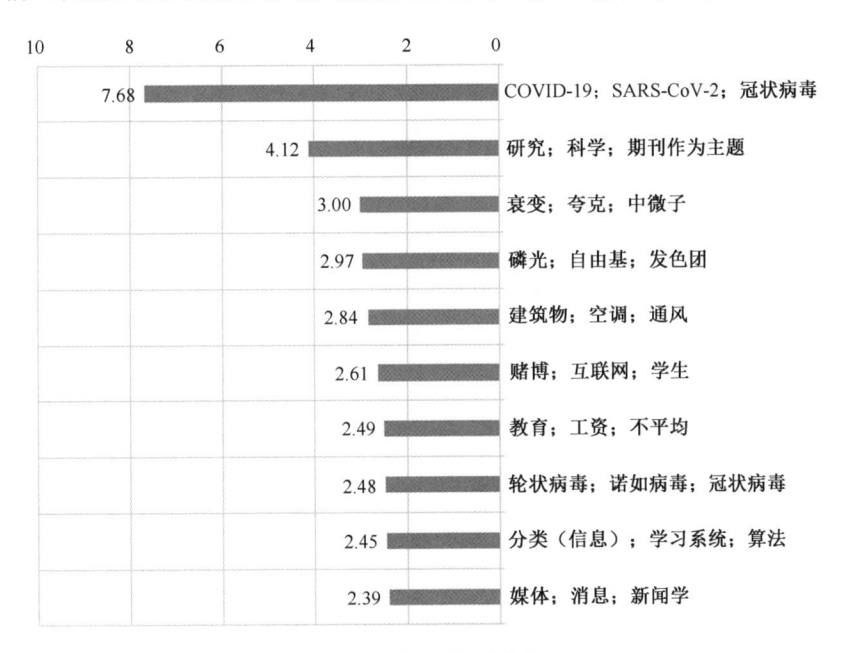

FWCI	主题词聚类
7.68	COVID-19；SARS-CoV-2；冠状病毒
4.12	研究；科学；期刊作为主题
3.00	衰变；夸克；中微子
2.97	磷光；自由基；发色团
2.84	建筑物；空调；通风
2.61	赌博；互联网；学生
2.49	教育；工资；不平均
2.48	轮状病毒；诺如病毒；冠状病毒
2.45	分类（信息）；学习系统；算法
2.39	媒体；消息；新闻学

■ 领域加权引用影响

注：每个主题词聚类由三个主题词构成，以分号分割。

图 3-8　含关联数据的论文 FWCI 指数排名前十位的主题词聚类统计

各主题词聚类表现出了不同程度的跨学科交叉情况，总体上学科交叉情况显著。例如，［催化作用；合成（化学）；催化剂］的主题词聚类中的论文学科分布情况，出现了化学、化学工程、生物化学、遗传学和分子生物学、材料科学、药理学、毒理学和药剂学、环境科学、物理学和天文学等学科的交叉融合现象，也出现了小范围的社会科学，商业、管理和会计，艺术与人文，经济学、计量经济学和金融学等打破传统理工科与文科界限的研究成果。

主题词聚类：COVID-19；SARS-CoV-2；冠状病毒

- 医学，56%
- 生物化学、遗传学和分子生物学，11%
- 免疫学与微生物学，8%
- 药理学、毒理学和药剂学，7%
- 社会科学，3%
- 多学科，2%
- 计算机科学，1%
- 数学，1%
- 护理学，1%
- 心理学，1%
- 其他，9%

主题词聚类：研究；科学；期刊作为主题

- 医学，24%
- 心理学，14%
- 数学，11%
- 生物化学、遗传学和分子生物学，7%
- 社会科学，7%
- 决策学，6%
- 多学科，5%
- 农业和生物科学，4%
- 环境科学，4%
- 艺术与人文，3%

主题词聚类：衰变；夸克；中微子

- 物理学和天文学，62%
- 计算机科学，21%
- 工程科学，16%
- 化学，1%
- 生物化学、遗传学和分子生物学，0%
- 地球与行星科学，0%
- 材料科学，0%

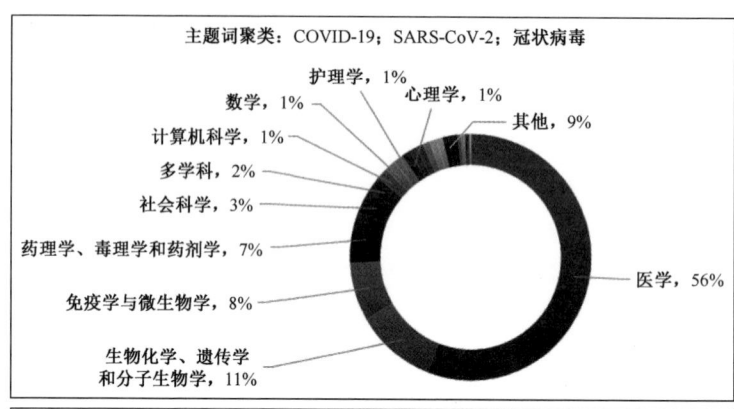

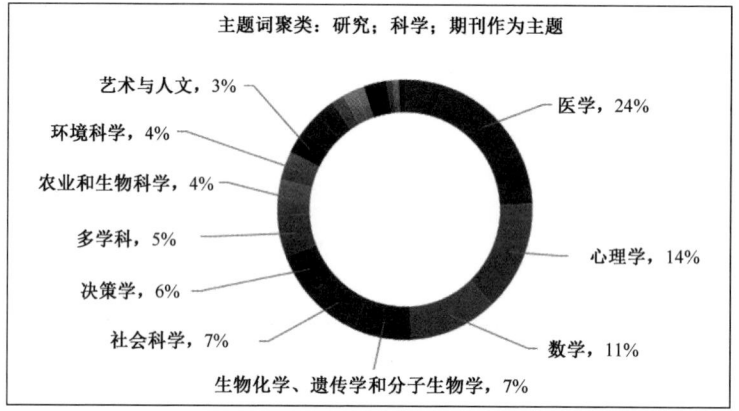

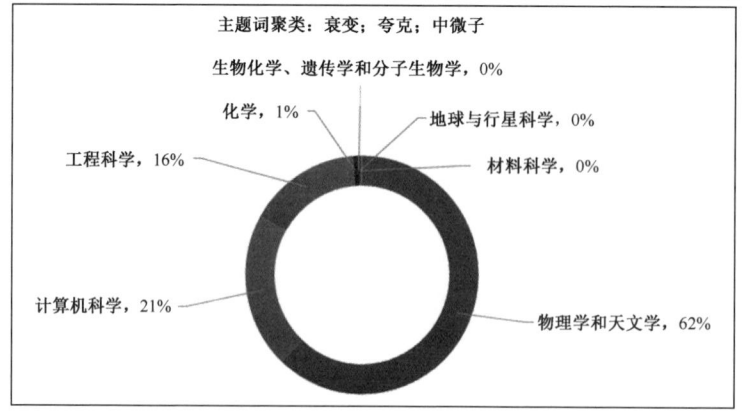

注：每个主题词聚类由三个主题词构成，以分号分割。图中仅对占比量排名前十位的学科进行了呈现；图内占比值为0%的学科，实际占比值不足0.5%，四舍五入后为0%。

图 3-9　含关联数据的论文 FWCI 指数排名前三位的主题词聚类学科交叉情况统计

3.1.2 数据论文的学科分布统计

在数据论文的发表量上，医学领域的发表量最高，占五年数据论文发表总量的 15%；农业和生物科学（占比为 14%）列第二位，生物化学、遗传学和分子生物学（占比为 12%）列第四位，如图 3-10 所示。

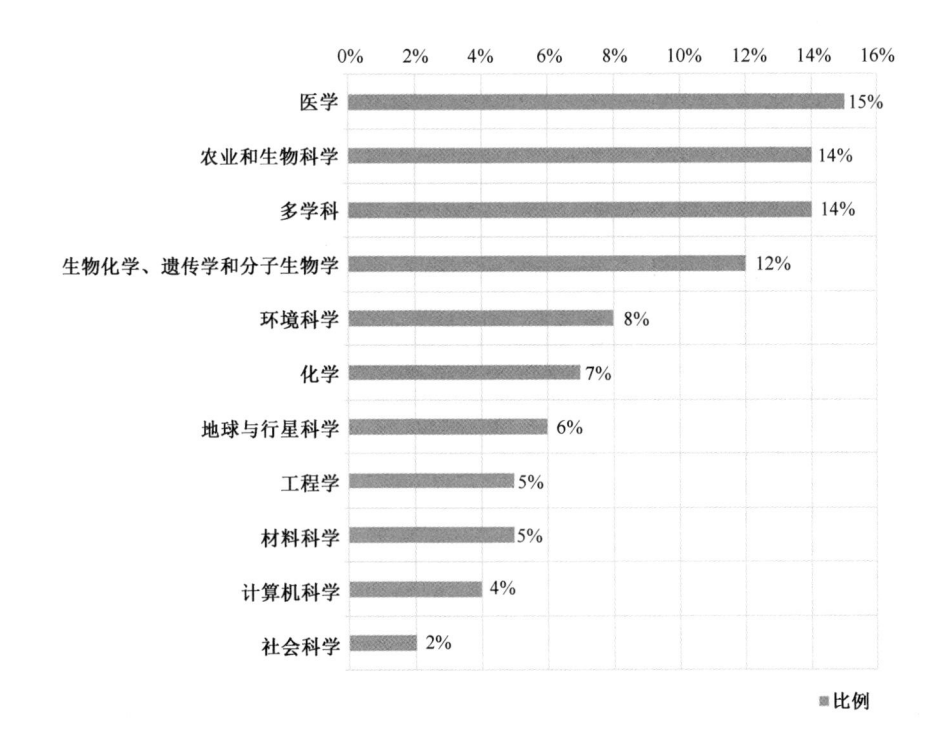

图 3-10 数据论文学科分布占比情况（2016—2020 年）

各学科领域数据论文的逐年发表量数据显示（见图 3-11），生物化学、遗传学和分子生物学，计算机科学，地球与行星科学等领域的数据论文发表量逐年增长显著。

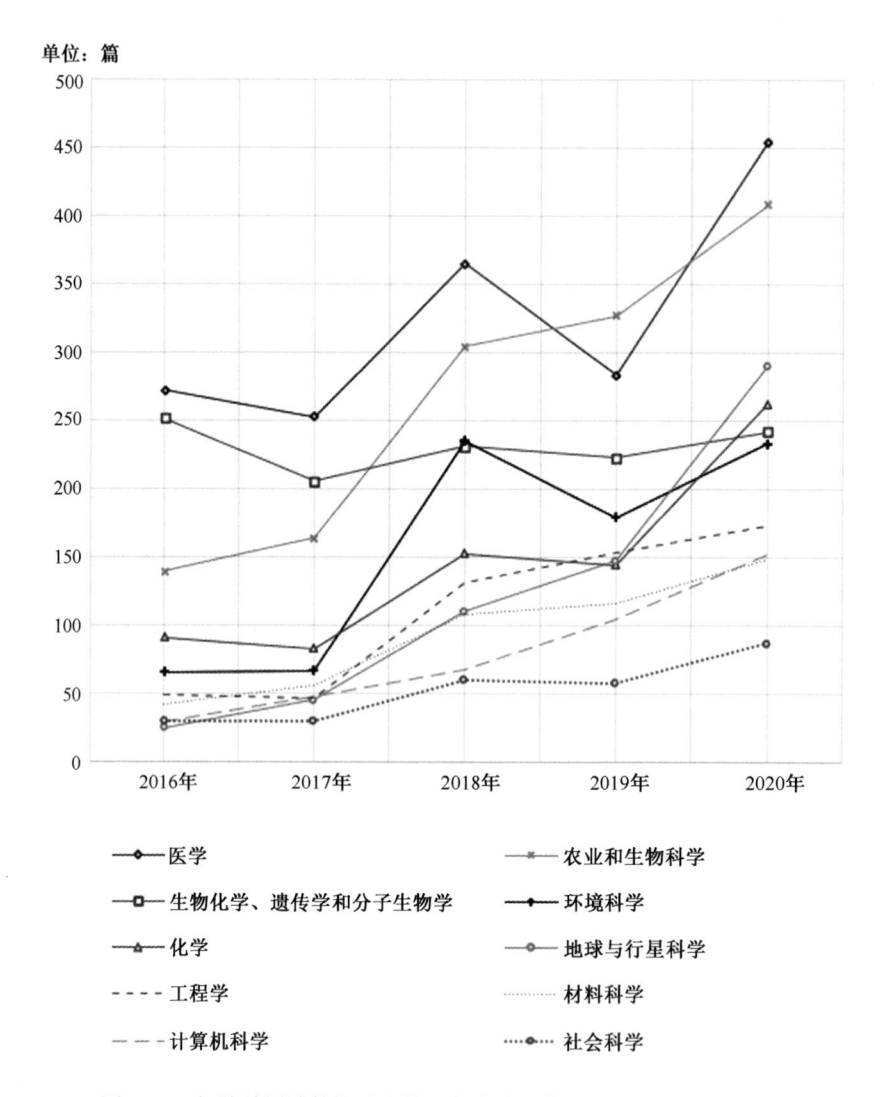

图 3-11 各学科领域数据论文的逐年发表量统计（2016—2020 年）

根据 2016—2020 年发表数据论文的主题标注，本书绘制形成了数据论文的主题词聚类分布图（见图 3-12），由此呈现五年间发表数据论文的学科领域交叉情况。

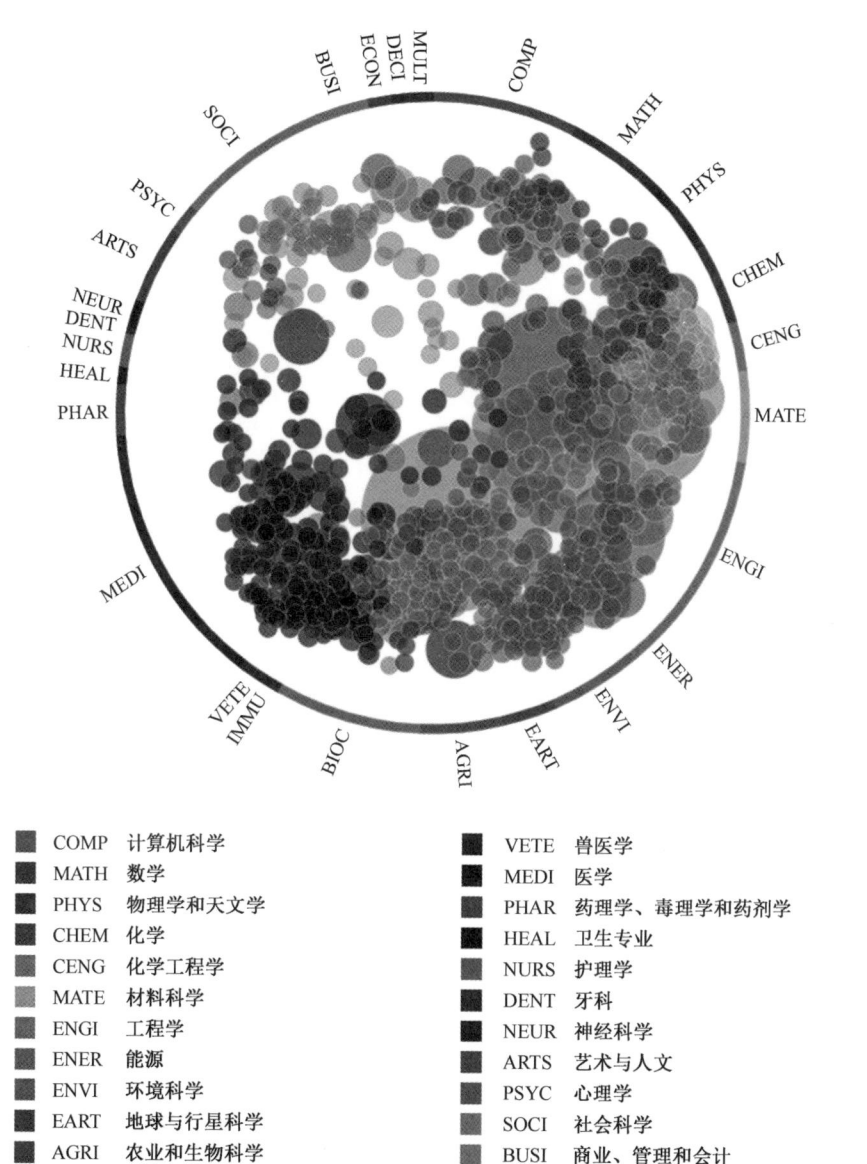

第3章 科学数据出版变化态势情况

	COMP	计算机科学		VETE	兽医学
	MATH	数学		MEDI	医学
	PHYS	物理学和天文学		PHAR	药理学、毒理学和药剂学
	CHEM	化学		HEAL	卫生专业
	CENG	化学工程学		NURS	护理学
	MATE	材料科学		DENT	牙科
	ENGI	工程学		NEUR	神经科学
	ENER	能源		ARTS	艺术与人文
	ENVI	环境科学		PSYC	心理学
	EART	地球与行星科学		SOCI	社会科学
	AGRI	农业和生物科学		BUSI	商业、管理和会计
	BIOC	生物化学、遗传学和分子生物学		ECON	经济学、计量经济学和金融学
				DECI	决策学
	IMMU	免疫学与微生物学		MULT	多学科

图 3-12　2016—2020 年全球发表数据论文学科主题词聚类分布图

本书依据图 3-12 各主题词聚类内数据论文的数量，由高到低排序选取排名前 500 位的主题词聚类集合。

依照数据论文的数量对该集合内主题词聚类进行排序，形成数据论文发表量排名前十位的主题词聚类统计结果（见图 3-13），其中，[基因组；肿瘤；基因] 主题词聚类中的数据论文发表量最多（309 篇）。选取图 3-13 中排名前三位的主题词聚类,分析其覆盖论文的学科分布情况，结果如图 3-14 所示。

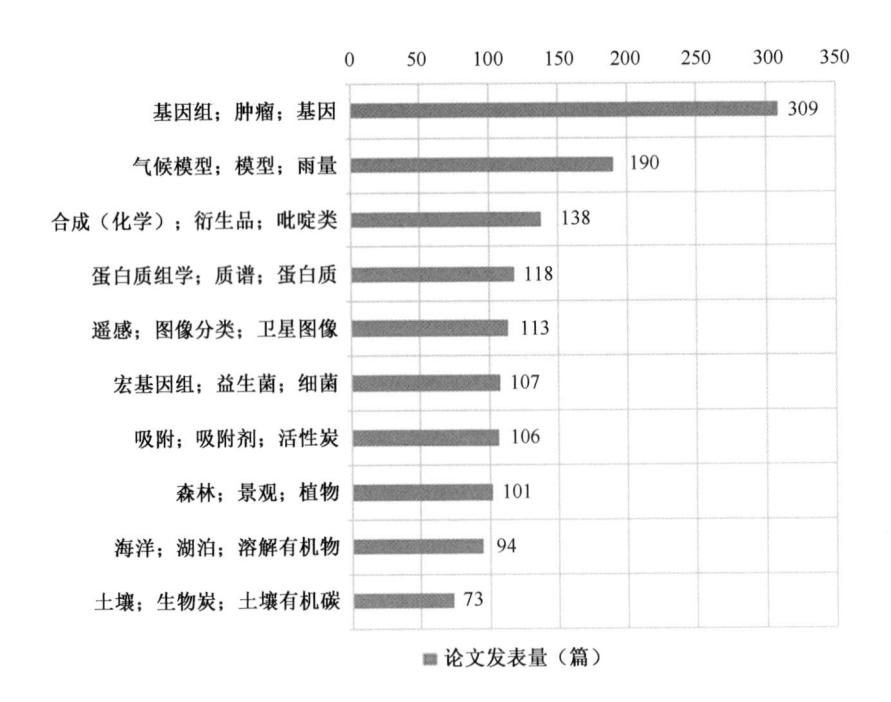

主题词聚类	论文发表量（篇）
基因组；肿瘤；基因	309
气候模型；模型；雨量	190
合成（化学）；衍生品；吡啶类	138
蛋白质组学；质谱；蛋白质	118
遥感；图像分类；卫星图像	113
宏基因组；益生菌；细菌	107
吸附；吸附剂；活性炭	106
森林；景观；植物	101
海洋；湖泊；溶解有机物	94
土壤；生物炭；土壤有机碳	73

注：每个主题词聚类由三个主题词构成，以分号分割。

图 3-13 数据论文发表量排名前十位的主题词聚类统计

第 3 章 科学数据出版变化态势情况

主题词聚类：基因组；肿瘤；基因
- 环境科学，0%
- 其他，1%
- 药理学、毒理学和药剂学，0%
- 计算机科学，22%
- 多学科领域，21%
- 数学，14%
- 决策学，13%
- 社会科学，13%
- 医学，10%
- 生物化学、遗传学和分子生物学，5%
- 农业和生物科学，1%

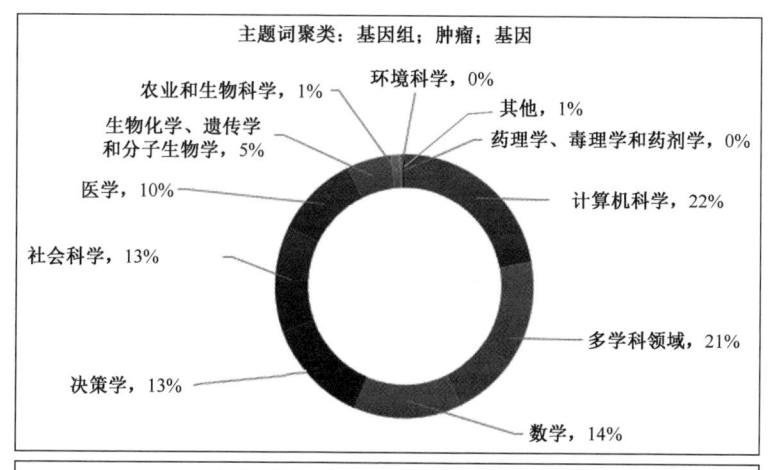

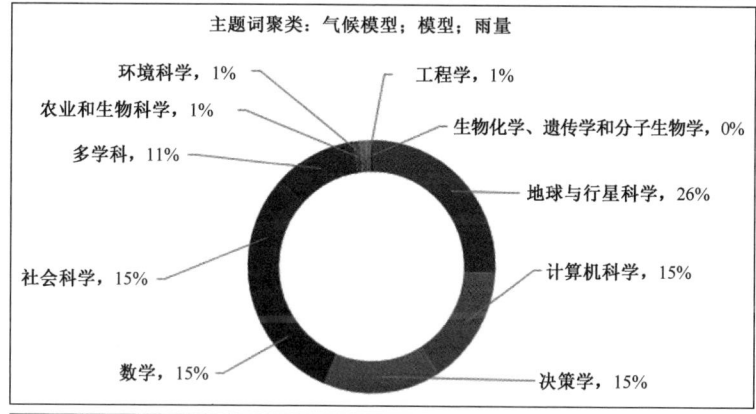

主题词聚类：气候模型；模型；雨量
- 环境科学，1%
- 工程学，1%
- 生物化学、遗传学和分子生物学，0%
- 地球与行星科学，26%
- 计算机科学，15%
- 决策学，15%
- 数学，15%
- 社会科学，15%
- 多学科，11%
- 农业和生物科学，1%

主题词聚类：合成（化学）；衍生品；吡啶类
- 多学科领域，7%
- 化学，93%

注：每个主题词聚类由三个主题词构成，以分号分割。图中占比值为 0% 的学科，实际占比值不足 0.5%，四舍五入后为 0%。

图 3-14 数据论文发表数据排名前三位的主题词聚类学科交叉情况统计

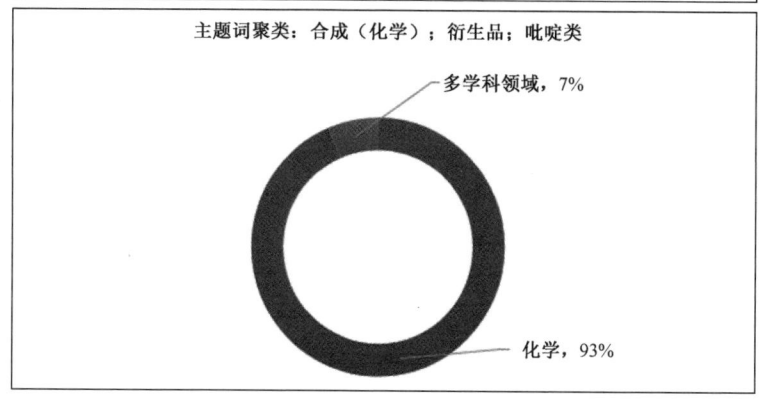

依照数据论文 FWCI 指标值对集合内主题词聚类进行排序,形成数据论文发表 FWCI 排名前十位的主题词聚类统计结果(见图 3-15)。其中,[研究;数据;信息传播]主题词聚类的 FWCI 指数为 5.94,排第一位。选取图 3-15 中排名前三位的主题词聚类,分析其覆盖论文的学科分布情况,结果如图 3-16 所示。

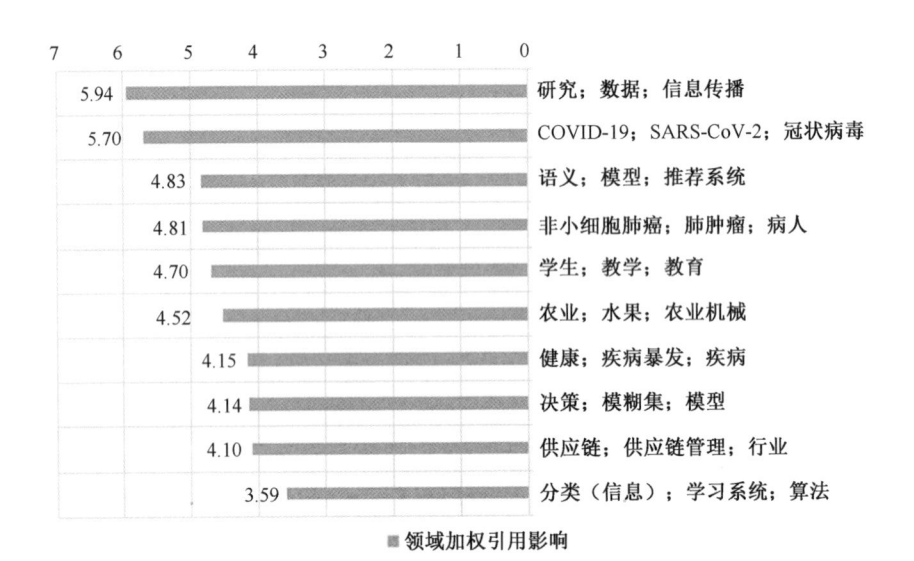

FWCI	主题词聚类
5.94	研究;数据;信息传播
5.70	COVID-19;SARS-CoV-2;冠状病毒
4.83	语义;模型;推荐系统
4.81	非小细胞肺癌;肺肿瘤;病人
4.70	学生;教学;教育
4.52	农业;水果;农业机械
4.15	健康;疾病暴发;疾病
4.14	决策;模糊集;模型
4.10	供应链;供应链管理;行业
3.59	分类(信息);学习系统;算法

■ 领域加权引用影响

注:每个主题词聚类由三个主题词构成,以分号分割。

图 3-15 数据论文发表 FWCI 指数排名前十位的主题词聚类统计

与含关联数据的论文的情况类似,各主题词聚类表现出了不同程度的跨学科交叉情况,总体上学科交叉情况较为显著。

第3章 科学数据出版变化态势情况

主题词聚类：研究；数据；信息传播

- 计算机科学，19%
- 社会科学，16%
- 农业和生物科学，11%
- 环境科学，10%
- 医学，7%
- 工程学，6%
- 数学，5%
- 地球与行星科学，4%
- 生物化学、遗传学和分子生物学，4%
- 艺术与人文，3%

主题词聚类：COVID-19；SARS-CoV-2；冠状病毒

- 医学，56%
- 生物化学、遗传学和分子生物学，7%
- 免疫学与微生物学，5%
- 社会科学，4%
- 药理学、毒理学和药剂学，3%
- 护理学，3%
- 环境科学，2%
- 神经科学，2%
- 计算机科学，2%
- 工程学，2%

主题词聚类：语义；模型；推荐系统

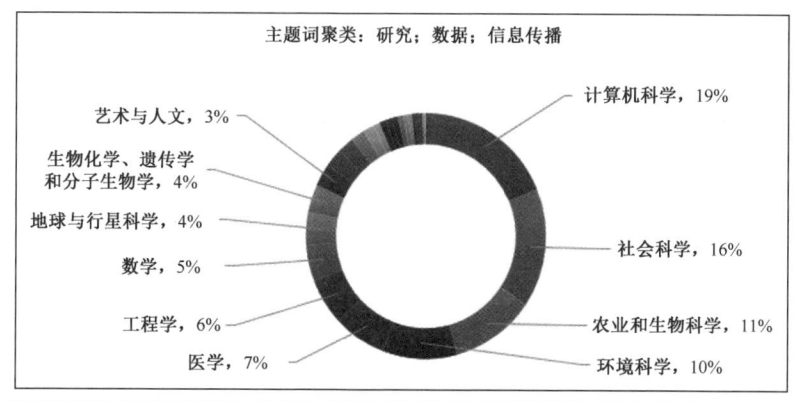

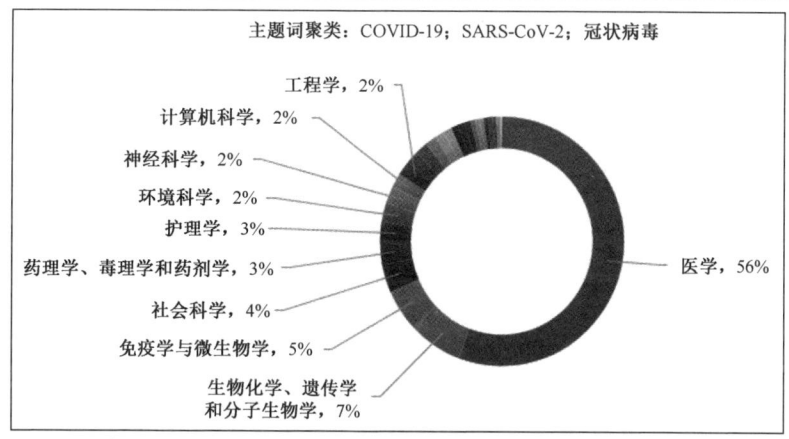

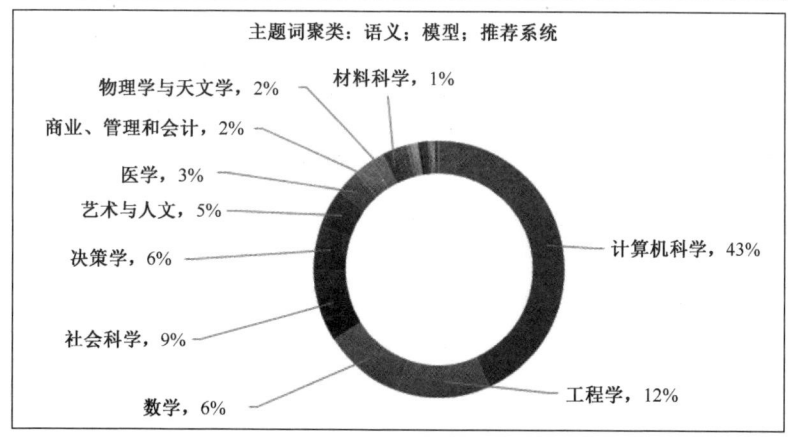

- 计算机科学，43%
- 工程学，12%
- 社会科学，9%
- 数学，6%
- 决策学，6%
- 艺术与人文，5%
- 医学，3%
- 商业、管理和会计，2%
- 物理学与天文学，2%
- 材料科学，1%

注：每个主题词聚类由三个主题词构成，以分号分割。图中仅对占比量排名前十位的学科进行了呈现。

图3-16 数据论文发表FWCI指数排名前三位的主题词聚类学科交叉情况统计

3.1.3 学科分布趋势分析

从含关联数据的论文的发表量和数据论文的发表量来看，我们可以初步认为，科学数据出版的不同实践模式在各学科领域上的发展趋势基本一致，但学科间的发展差异性比较突出。

在数据出版实践上，生物化学、遗传学和分子生物学，化学，医学领域整体具有较好基础，含关联数据的论文年发表量虽有起伏但总体发展稳定。社会科学领域的数据出版实践在2016—2020年间总体发展较为突出，含关联数据的论文年复合增长率全学科排名第一（CAGR=54.9%）。计算机科学领域含关联数据的论文发表量增长迅猛；医学领域含关联数据的论文发表量有显著增长，2020年的发表量在所有学科中排名第一。

同时，数据出版实践也呈现多学科交叉融合的现象。在本节列出的有限的学科交叉统计中，计算机科学、数学等领域与传统自然科学（化学、物理、生物等）交叉融合的数据出版实践十分普遍，文科领域（尤其是社会科学、决策学）与自然科学融合的数据出版开始崭露头角，在一定程度上贡献了社会科学、计算机科学、数学三个领域的CAGR。数据驱动的科研创新模式正在逐步淡化传统理工科与文科在研究内容与方法上的边界，这种跨学科融合现象的出现与其有着密切关系。数据出版作为数据工作成果的一种新兴表现和传播形式，逐渐成为促进学科间交叉融合发展的重要方式。

3.2 期刊和出版商的数据政策推动科学数据出版实践

在过去的五年间,越来越多的学术期刊及学术出版商开始关注并实践科学数据出版,在全球数据共享氛围的广泛普及和数据开放理念的深入培育上发挥了重要作用。

3.2.1 含关联数据的论文期刊分布统计

近年来,含关联数据的论文期刊的发表量呈逐年递增趋势,2020年排名前五位的论文期刊发表总量接近 2016 年同一指标的 2 倍(见图 3-17)。BMC 出版社在含关联数据论文发表总量方面常年稳居榜首,从 2016 年开始发表总量一直保持在万篇以上水平,远超过第二名。2020年,SAGE 出版社以 10 043 篇的发表总量跃居第二名,成为除 BMC 出版社外的首个出版量上万篇的出版商。

近五年,含关联数据的论文发表量呈现持续上升趋势,各出版商排名所处的位置虽然不断更替,但前五名相对固定。这与各大型出版商在传统出版行业占据的市场份额有紧密关系,但统计数据也表明大型出版商在推动数据出版实践方面,发挥了重要的引导、鼓励甚至约束等作用。以排名第一的 BMC 出版社为例,BMC 出版社是世界上最早的开放获取出版机构,隶属于 Springer Nature,并一直致力于"数据开放"(Open Data)的推广与实践活动。2013 年 9 月,BMC 出版社的数据开放政策正式颁布实施，其对数据类型、数据权利归属、数据再利用的方式、数据许可协议等问题均进行了规范与建议。此前，为更好地制定有关政策，BMC出版社还就在同行评议（Peer Review）期间开放数据的行为进行了公众咨询，并形成了调研报告[18]。此外，Springer Nature、PLoS[19,20]、Elsevier[21]、Taylor and Francis、Wiley[22,23]等也都出台了数据共享政策，指导并推动旗下期刊开展数据出版实践。

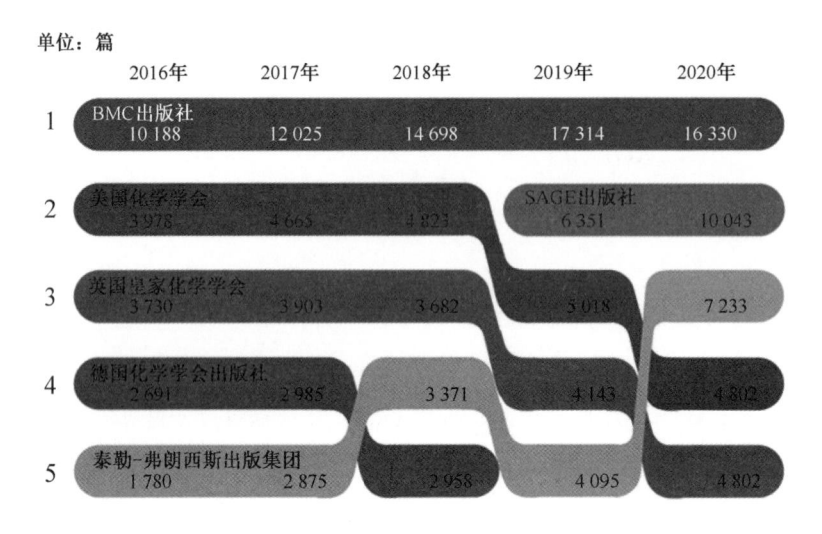

单位：篇

	2016年	2017年	2018年	2019年	2020年
1	BMC出版社 10 188	12 025	14 698	17 314	16 330
2	美国化学学会 3 978	4 665	4 823	SAGE出版社 6 351	10 043
3	英国皇家化学学会 3 730	3 903	3 682	5 018	7 233
4	德国化学学会出版社 2 691	2 985	3 371	4 143	4 802
5	泰勒-弗朗西斯出版集团 1 780	2 875	2 958	4 095	4 802

图3-17　2016—2020年全球含关联数据的论文发表量排名前五位的出版商统计

但是，就数据论文与公开数据的论文在全球出版物的总占比而言（约占1.93%），数据出版的实践在全球期刊范围内还有相当大的推进空间。2017年的一项调查研究了318个生物医学领域期刊的数据政策，结果显示：将数据共享（Data Sharing）明确列为出版要求的期刊仅占研究样本总量的11.9%；提出需要数据共享但没有说明这一条件将影响出版决策的期刊占研究样本总量的9.1%；未在其政策中提及数据共享的期刊占比为31.8%[24]。可见，在数据共享氛围基础较好的生物医学领域，数据共享要求尚且"小众"。因此，各出版商及其旗下的期刊在数据政策的制定与完善方面还应投入更多精力与努力。

在发表含关联数据的论文期刊分区统计情况上（见图3-18），CiteScore 分区靠前的期刊，在含关联数据的论文发表方面做出了更多的探索实践。在所有发表含关联数据的论文的期刊中，63.6%的论文发表在 Q1 区的期刊。发表在 CiteScore 指标前 50%期刊上的含关联数据的论文占所有含关联数据的论文比重为 88.1%。此外，Q1 区期刊发表的含关联数据的论文数量的 CAGR 高达 13.07%，对比 Q1 区期刊发表所有论文数量的 CAGR（见图3-19），发表含关联数据的论文增幅十分显著；Q2 区的 CAGR 为 22.67%，Q3 区的 CAGR 为 25.06%，越来越多的高水平期刊鼓励和推动着含关联数据的论文出版实践工作。总体而言，发表含关联数据的论文的期刊总体质量较高，并且保持稳定上升态势。

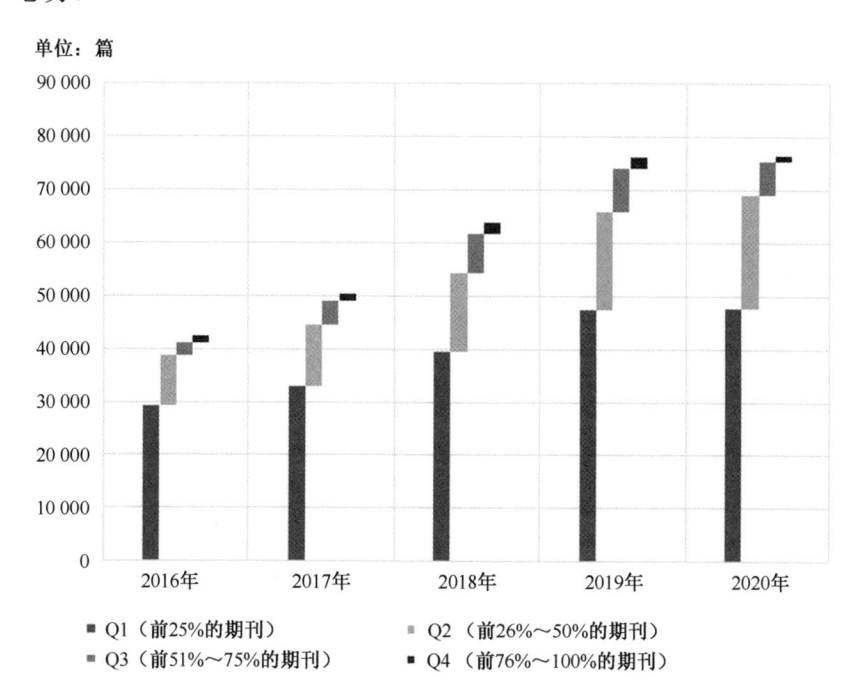

图 3-18　含关联数据的论文发表期刊分区统计情况

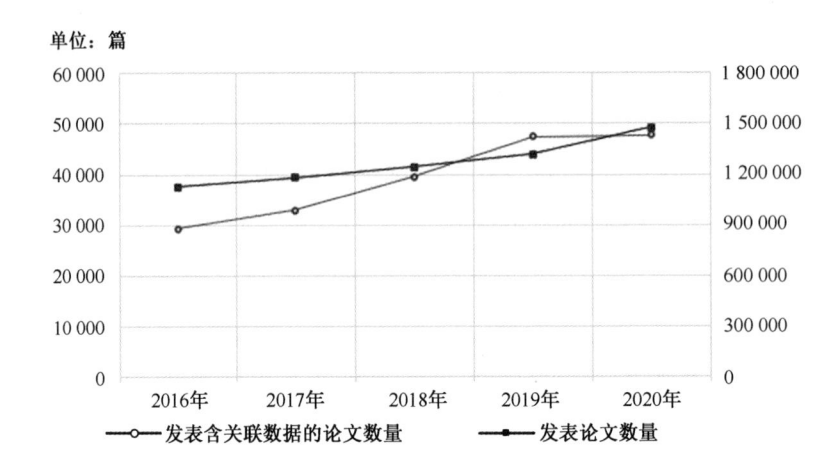

图 3-19　Q1 区期刊论文发表数量与含关联数据的论文发表数量的统计情况对比

3.2.2　期刊和出版商在数据论文出版上的实践情况

为了让更多的科研人员参与数据开放共享，能将数据开放共享工作作为科研成果得到认可，并纳入传统科研评价体系，科学界和出版界共同探索出了专注于出版科学数据的数据期刊（Data Journal）。事实证明，数据期刊确实在某种程度上打破了数据成果不被"认可"的旧历史，并在提升高水平数据共享质量、提升数据可重用性等多方面做出了重要贡献。过去五年，我们看到国际主流出版商也在积极创办数据期刊，进一步推动了数据论文出版模式的实践。

Springer Nature 旗下的 *Scientific Data*（SD）期刊专门出版数据描述（Data Description），用于描述具有科学价值的数据集，以及促进科学数据共享和重用的研究，该期刊论文经过同行评审并提供开放获取服务[25]。SD 通过提供开放获取的方式有力地促进了科学数据的传播与重用，并研究制定了数据政策，以期充分且合理地保障数据利益相关方的权益。在数据政策方面，SD 对数据保存、数据更新、数据引用、数据管理计划等问题进行了相应规定，特别值得注意的是，对于包含特殊内容的数据，他们给出了一系列详细规定。例如，SD 要求提交涉及人类参与者的实验数据必须完整填写他们提供的《人类数据检查清单》（*Human Data Checklist*），并在提交过程中将其作为补充文件提供[26]。上述举措将有效减少科学数据开放共享可能造成的潜在法律风险，可以在最大限度地保障数据提供者的合法权益的同时，避免研究人员及出版机构陷入侵权纠纷。

Elsevier 旗下的 *Data in Brief*（DIB）提供多学科领域的、开放获取的、经同行评议的数据论文发表服务，主要发表简短易懂的数据描述类论文，并对科学数据提供开放获取途径[27]。DIB 遵循 FAIR 原则，承诺其将保证数据的可发现性、可访问性、可互操作性、可重用性。与此同时，DIB 提供相应的作者指引和数据政策，对所发布数据的类型、数据内容、推荐数据存储库等内容进行了详细阐述。

过去五年里，数据论文出版已受到越来越多出版商、学术期刊的重视和欢迎，并呈现多元化的特点。除以上两家主流出版商的数据期刊外，还有《中国科学数据（中英文网络版）》和 *F1000 Research*、*Earth System Science Data*、*GigaScience*、*Chemistry Central Journals* 等多家数据期刊，也有非数据期刊开辟数据论文类型，进行数据论文出版实践。

3.2.3 期刊与出版商的影响趋势分析

在数据出版实践中，越来越多的出版商、期刊开始关注数据政策的制定问题,并逐步形成了数据政策体系,在厘清数据各类利益相关方的权利及义务分配方面进行探索实践,这对数据重用、数据再利用等问题的规范与协调起到了重要作用。

学术期刊和出版商主要聚焦于"数据共享"与"数据出版"两大问题,绝大多数出版商会在其数据政策中强调数据共享与数据出版的重要意义与价值,明确出具数据相关通用条款(数据类型、数据文件格式等)的详细规定,通过向作者推荐数据存储库[28]等方式给予科研人员具体指导意见。此外,也有出版商推出了围绕数据管理、数据出版的专题培训服务。这些工作进展对推动数据开放共享有着非常重要的实践价值与促进意义。

3.3　不同国家的科学数据出版实践发展情况

各国在学术研究基础及科研产出上存在诸多差异,在数据管理与共享政策上存在客观差别。不同国家的科学数据出版的发展与实践情况呈现出差异性。

3.3.1　含关联数据的论文署名国家、机构分布

各国含关联数据的论文逐年发表量数据显示(见图 3-20),2016—2020 年美国和中国含关联数据的论文发表量大幅领先其他国家,且涨幅明显(美国含关联数据的论文的发表量的 CAGR 为 14.3%,中国含关联数据的论文的发表量的 CAGR 为 20.6%)。2016—2019 年,美

国含关联数据的论文发表量始终位列第一。到了2020年，在五年间出版总量排名前十位的国家中，除中国、澳大利亚和日本外，其他国家的出版总量都有不同程度的回落，其中，中国持续保持大幅增长，含关联数据的论文发表量排名第一。总体来看，含关联数据的论文发表总量排名前十位的国家，其论文发表量呈现较为稳定的逐年增长趋势（巴西除外）。

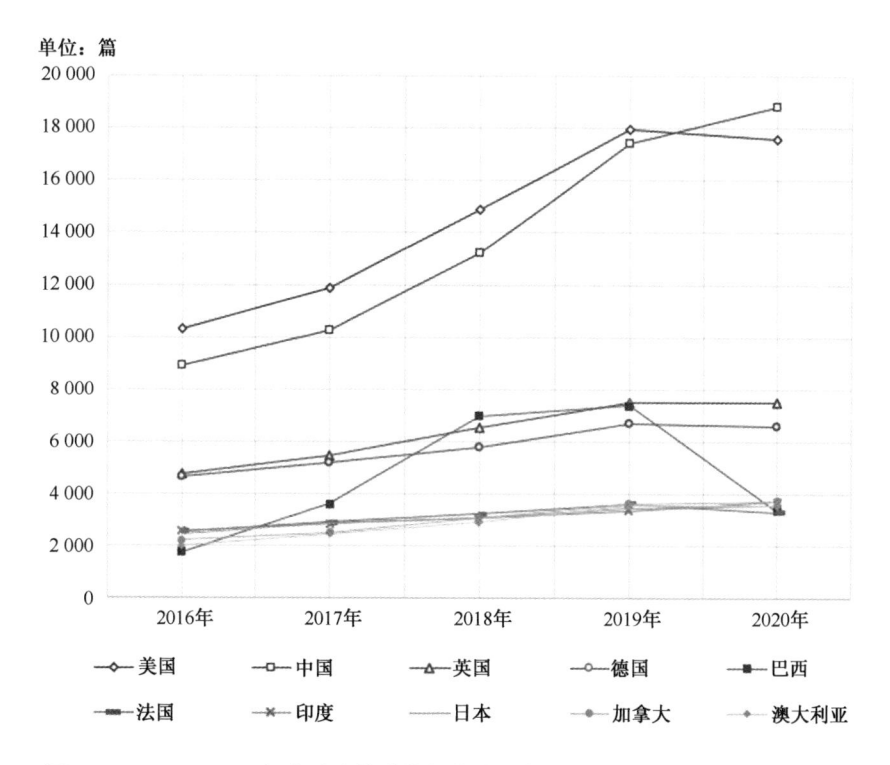

图3-20 2016—2020年全球含关联数据的论文发表总量排名前十位的国家统计

各机构含关联数据的论文逐年发表量数据显示（见图3-21），2016—2019年，法国科学研究中心、中国科学院发表量领先，逐年上升趋势比较稳定。

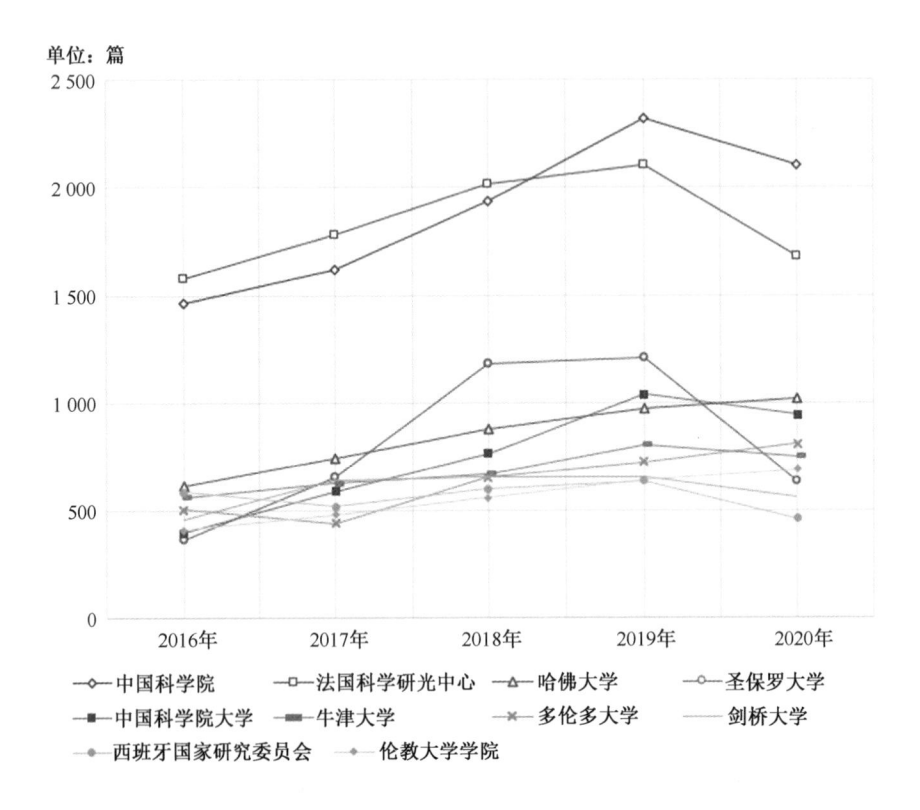

图 3-21　2016—2020 年全球发表含关联数据的论文总量排名前十位的机构统计

3.3.2　数据论文署名的国家、机构分布

从数据论文的署名国家统计来看（见图 3-22），2016—2020 年美国的数据论文发表量全球排名首位（2 030 篇），其他国家的数据论文发表量与其差距较大。这与美国扎实的科研产出基础，并较早开展数据共享文化建设相关。此外，中国的数据论文发表量排名第二（938 篇），印度位列第三（808 篇），英国（764 篇）、德国（760 篇）总体差距不明显。在数据论文发表量排名前十位的国家中，发展中国家有 2 个（中国、印

度），发达国家有 8 个，分布于北美洲、非洲、亚洲、欧洲。数据论文逐年发表量显示，数据论文发表总量排名前十位的国家（除日本外），数据论文发表量具有不同程度的上升，总体情况增长稳定。

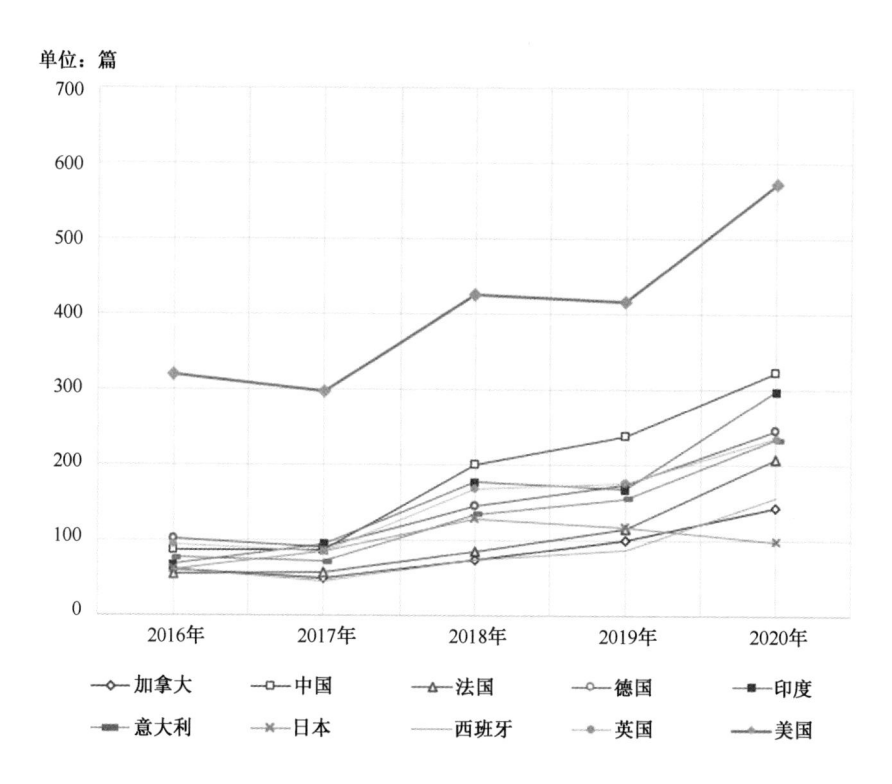

图 3-22 2016—2020 年全球发表数据论文总量排名前十位的国家统计

各机构数据论文的逐年发表量数据显示（见图 3-23），2016—2020年来自法国科学研究中心、尼日利亚科文纳特大学、中国科学院、法国国家农业食品与环境研究院、俄罗斯科学院等的科研人员在数据论文出版方面开展了较多尝试，发表量在国际上排名前列。

单位：篇

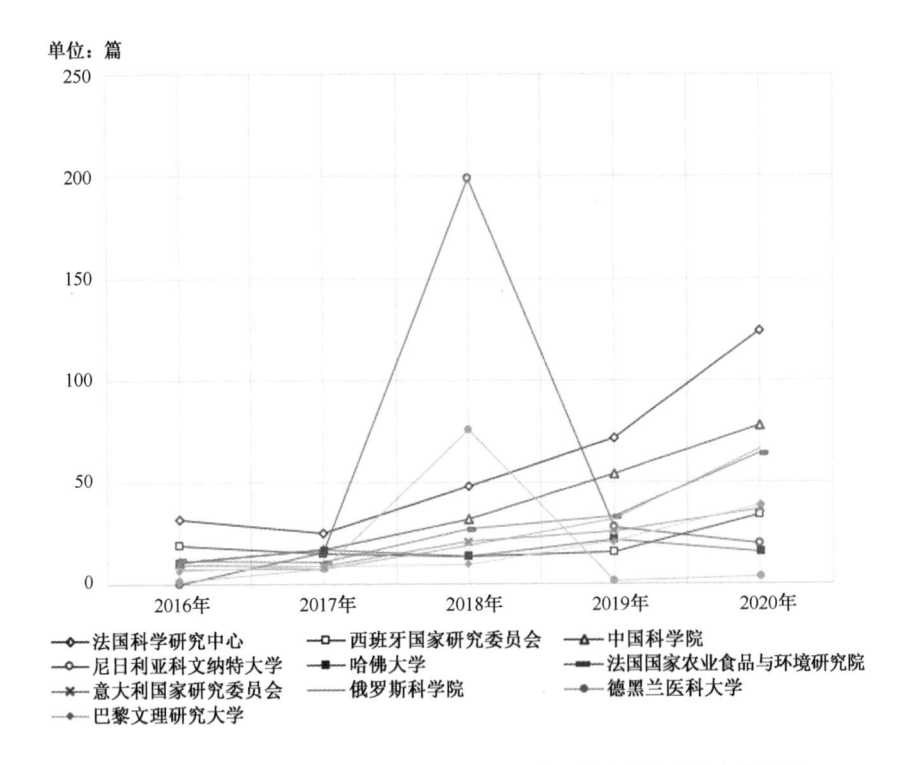

图 3-23 2016—2020 年全球发表数据论文总量排名前十位的机构统计

3.3.3 不同国家与机构的数据出版实践情况趋势

总体来说，从各个国家五年间论文发表量来看，美国、中国、英国位列前三，美国整体数据论文发表量最多，各国数据论文发表量整体稳步增长。在含关联数据的论文逐年发表量上，美国、中国远超其他各国，这与两国本就是论文产出大国有着紧密联系。

本书分析了五年间论文产出总量排名前五位的国家（图 3-24 呈现了五年间论文发表量排名前十位的国家）发表的含关联数据的论文与数据论文的占比情况，结果显示，德国（3.15%）与英国（2.93%）的数据论文发表占比较高，其后依次为中国（2.22%）、美国（2.11%）及印度（1.81%）。可见，欧洲国家在数据出版实践上，有着更为广泛的覆盖度和文化基础。从逐年的统计数据显示，五个国家的数据出版实践占比都在稳步提升，到 2020 年，德国已达到 3.44%，英国为 3.34%，美国为 2.49%，中国为 2.44%，印度为 1.77%。

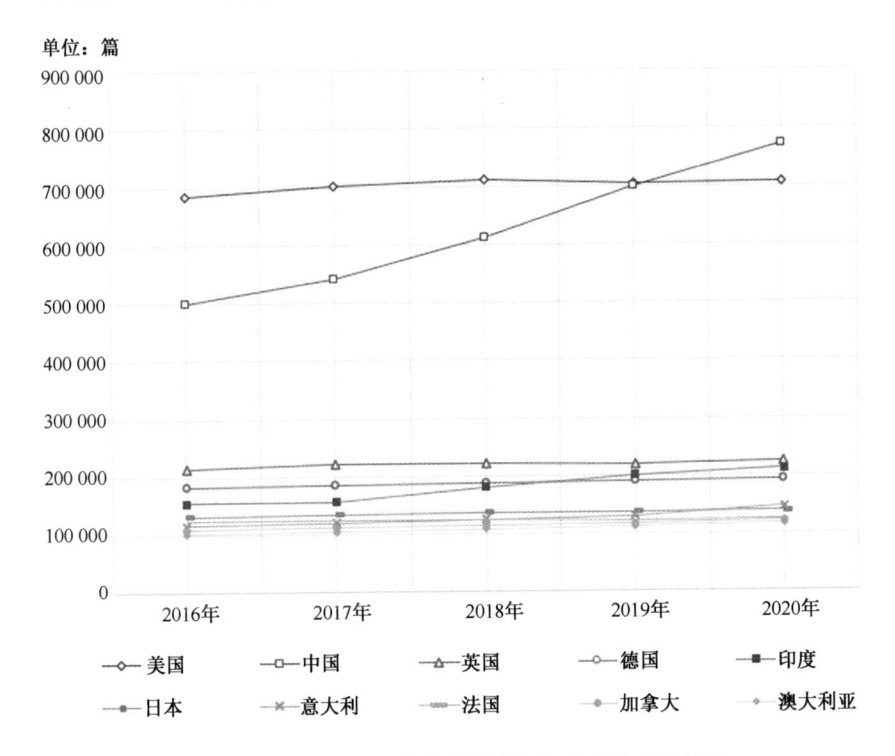

图 3-24　2016—2020 年各个国家逐年论文发表量统计

3.4　本章小结

综合来看，过去五年数据出版在国际范围内的实践得到了普遍提升：

（1）在学科领域分布上，各数据出版模式的学科覆盖范围越发广泛，并逐步展现了交叉学科领域的实践发展趋势。这与科学研究的第四范式——数据驱动的科学研究发展趋势相符合，学科的边界因为数据及其相关信息技术的发展而日渐模糊。数据时代开启了学科交叉融合，促进了新的研究方向与方法产生；科学研究的理论与方法创新，越发离不开数据作为基本研究要素，推动科学的进步。

（2）在全球范围内，学术期刊和出版商对数据出版给予了普遍关注，在不同出版模式上均有较深程度的实践。统计来看，数据出版实践出现了越是顶尖期刊、越是大型出版商，实践规模越大的现象。这与科研成果质量高低的内在评判逻辑一脉相承：数据链完整、证据链完整、逻辑链完整是高水平科研成果的必备特征。过去十年，学术界一度经历了论文结论无法复现[29,30]、科学公信度遭质疑的危机。因此，公开和出版科研活动最主要的证据（科学数据），是提升论文学术质量的需要，是不断提升和确保期刊学术权威的需要；终其内涵，是科学自纠错能力建设的内在需要。

（3）在国家、机构分布上，传统的论文产出大国普遍具有较好的实践产出，从整体上看，欧洲在参与覆盖率上具有明显优势，这与欧洲较早开始关注和呼吁科学数据共享、较早开始实践科学数据共享与出版有着紧密联系。在国际开放科学运动的浪潮下，相信未来数据出版会在更多的国家和机构得到实践。

第4章
科学数据出版成效

本书追踪了 2016—2020 年发表的含关联数据的论文、数据论文的引用情况，本章通过统计各学科、各国在数据出版实践过程中发表论文的被引用等情况，反映数据出版成效。

4.1 论文引用情况统计

在含关联数据的论文方面，2016—2020 年，含关联数据的论文在全球被引用次数排名前 10% 的论文中占比为 17.3%，最高为 2016 年，达 20.4%；在全球被引用次数排名前 1% 的论文中占比为 1.3%，最高为 2016 年，达 1.7%（见图 4-1）。

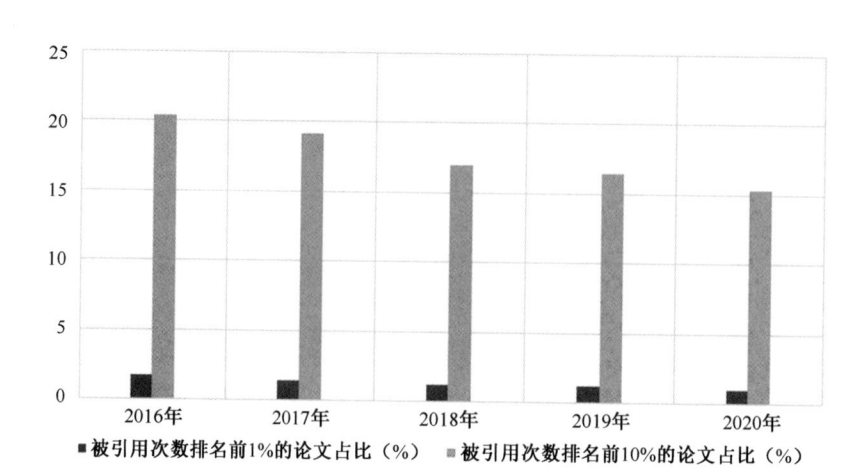

图 4-1 含关联数据的论文在全球高被引论文中的占比统计

在数据论文方面，2016—2020 年，全球高被引论文中数据论文的占比有所起伏，总体有小幅增长。数据论文在全球被引用次数排名前 10% 的论文中的占比为 8.4%，共包含 788 篇数据论文（见图 4-2）。

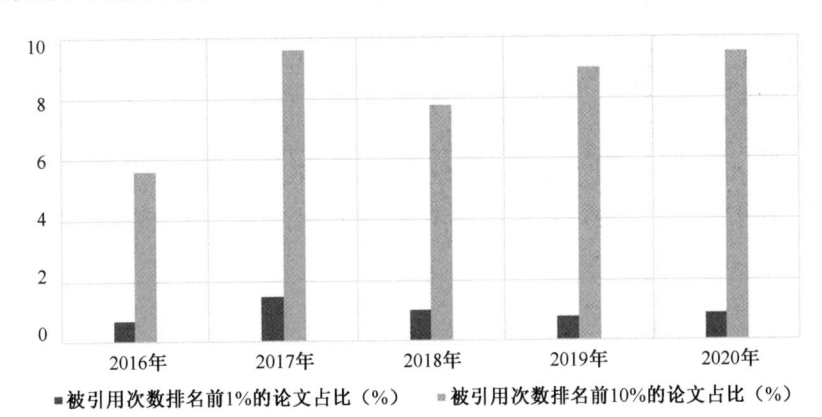

图 4-2 数据论文在全球高被引论文中的占比统计

在总被引用次数上，2016—2020 年，含关联数据的论文被引用次数总量为 3 376 880 次（见图 4-3），平均被引用次数为 10.8 次，其中 2016 年发表的含关联数据的论文平均被引用次数达 20.6 次（见图 4-4）。

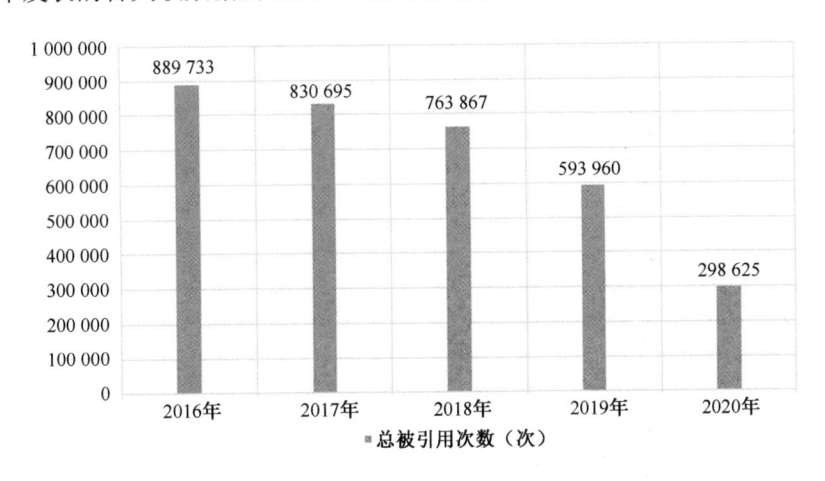

图 4-3 2016—2020 年发表含关联数据的论文总被引用情况

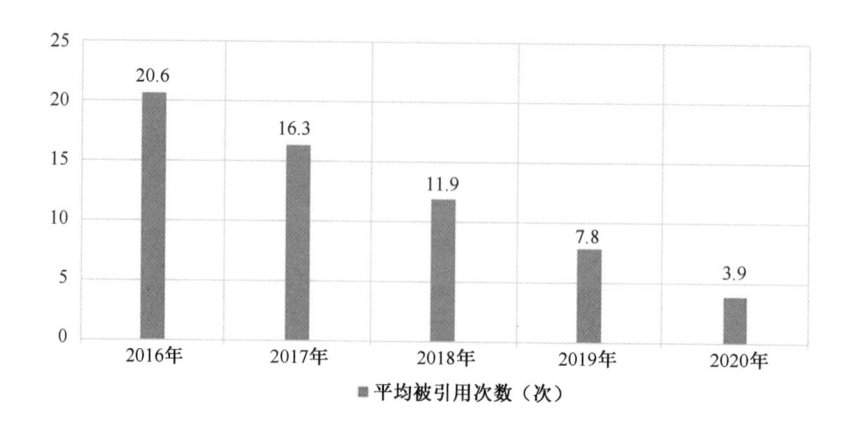

图 4-4 2016—2020 年发表的含关联数据的论文平均被引用情况

2016—2020 年，数据论文总共被引用次数为 63 154 次，数据论文平均被引用次数为 6.8 次，其中平均被引用次数最高为 2016 年，达 12.2 次，其次是 2017 年，达 11.6 次（见图 4-5 和图 4-6）。

此外，在领域加权引用影响指标（FWCI）上，含关联数据论文的 FWCI 均大于 1，五年平均值为 1.20（见图 4-7）；数据论文的 FWCI 值为 1，与全球其他相同领域、相同年份、相同文献类型的论文平均水平持平。

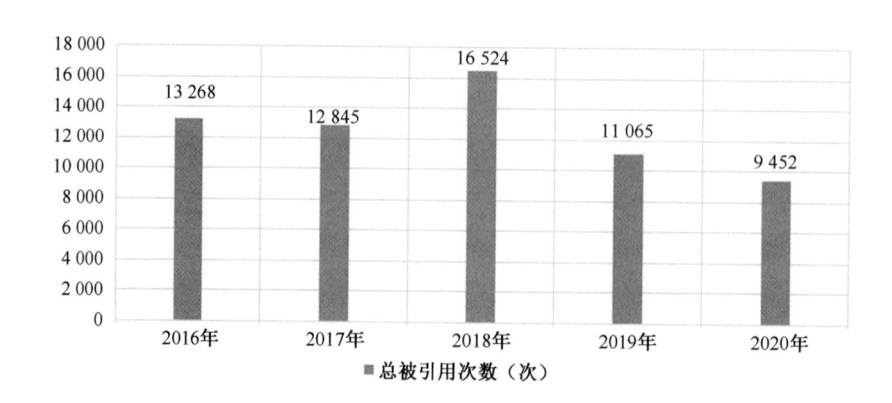

图 4-5 2016—2020 年发表数据论文的总被引用情况

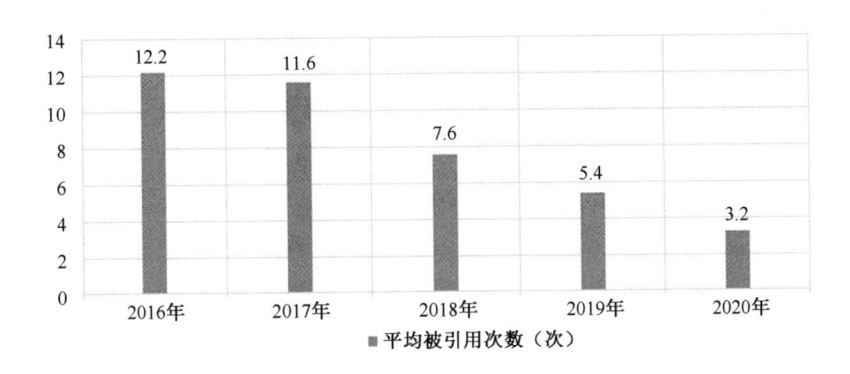

图 4-6 2016—2020 年发表数据论文的平均被引用情况

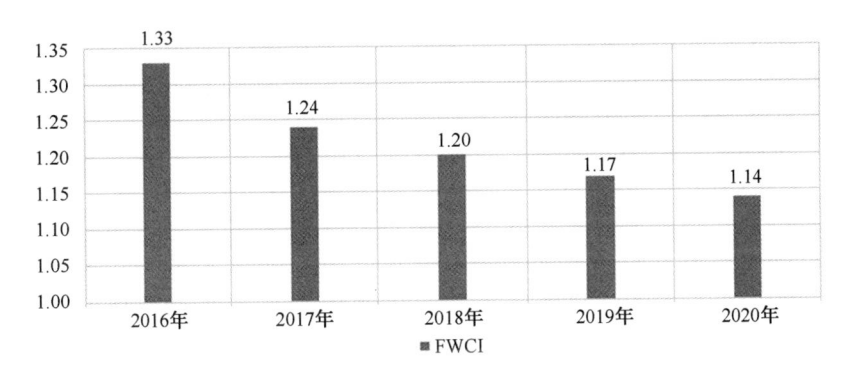

图 4-7 2016—2020 年发表含关联数据的论文领域加权引用影响指标情况

4.1.1 按学科分类统计

从全球含关联数据的论文发表量总数排名前十位的学科领域来看，FWCI 排名前三位的分别是社会科学（FWCI=1.5）、化学工程学（FWCI=1.4）、地球与行星科学（FWCI=1.3），如图 4-8 所示。

从全球数据论文发表量总数排名前十位的学科领域来看，FWCI 情况最佳的学科分别为数学（FWCI=2.6）、计算机科学（FWCI=2.5）、社会科学（FWCI=2.5）和决策学（FWCI=2.5），如图 4-9 所示。

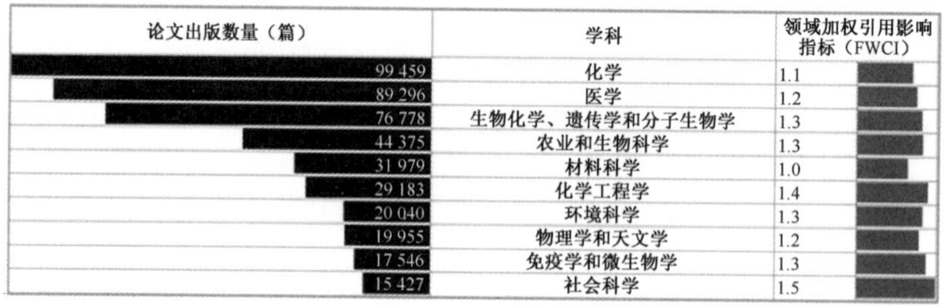

论文出版数量（篇）	学科	领域加权引用影响指标（FWCI）
99 459	化学	1.1
89 296	医学	1.2
76 778	生物化学、遗传学和分子生物学	1.3
44 375	农业和生物科学	1.3
31 979	材料科学	1.0
29 183	化学工程学	1.4
20 040	环境科学	1.3
19 955	物理学和天文学	1.2
17 546	免疫学和微生物学	1.3
15 427	社会科学	1.5

图 4-8　含关联数据的论文不同学科领域的被引用情况统计

（发表量总数排名前十位的学科领域）

学术产出（篇）	学科	领域加权引用影响指标（FWCI）
1 476	计算机科学	2.5
1 313	数学	2.6
1 284	社会科学	2.5
1 272	决策学	2.5
567	化学	1.0
415	生物化学、遗传学和分子生物学	0.8
399	农业和生物科学	1.1
339	地球与行星科学	2.0
322	医学	1.4
211	环境科学	0.9

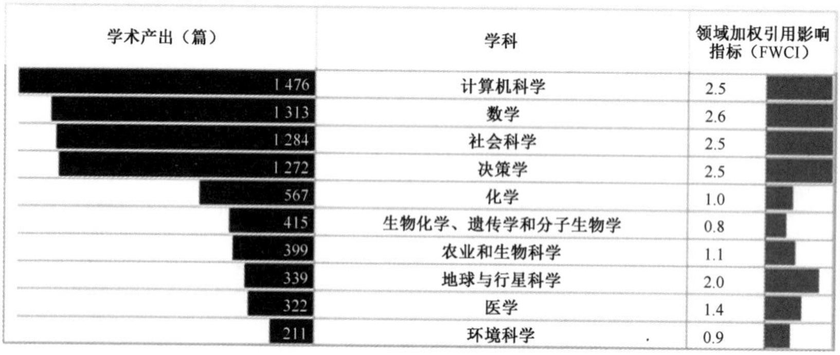

图 4-9　数据论文不同学科的被引用情况统计

（发表量总数排名前十位的学科领域）

4.1.2　按国家统计

在含关联数据的论文方面，从全球含关联数据论文发表量总数排名前十位的国家来看，论文平均被引用次数最高的是法国（15.2 次），其次为英国（14.6 次）和德国（14.1 次）；FWCI 排名前两位的分别为英国（1.6）、澳大利亚（1.6）；在出版的含关联数据的论文中，全球高被引论文（被引用次数为全球前10%）比例最高的国家为中国（23.3%）和英国（23.3%），其次为法国（23.2%），如图 4-10 所示。

学术产出（篇）	国家	论文平均被引用次数（次）	领域加权引用影响指标（FWCI）	引用次数位于前10%的论文的比例（%）
72 745	美国	14.0	1.5	22.3
68 728	中国	12.9	1.4	23.3
31 827	英国	14.6	1.6	23.3
29 007	德国	14.1	1.5	22.4
23 159	巴西	5.9	0.7	6.0
15 738	法国	15.2	1.5	23.2
15 669	印度	10.7	1.1	15.9
15 568	日本	11.0	1.1	16.4
15 269	加拿大	13.5	1.5	19.7
14 576	澳大利亚	14.0	1.6	21.5

图 4-10　含关联数据的论文影响力情况统计
（按发表量全球排名前十位的国家统计）

从全球含关联数据的论文发表量排名前十位的机构来看，FWCI 排名前三位的机构依次为哈佛大学（FWCI=2.2）、剑桥大学（FWCI=2.2）和伦敦大学学院（FWCI=2.1）。在出版的含关联数据的论文中，全球高被引论文（被引用次数为全球前 10%）比例最高的机构为剑桥大学（33.6%），其次为中国科学院大学（31.5%）和中国科学院（30.8%），如图 4-11 所示。

含关联数据的论文数量（篇）	机构	国家	论文平均被引用次数（次）	领域加权引用影响指标（FWCI）	引用次数位于前10%的论文比例（%）
9 445	中国科学院	中国	18.0	1.7	30.8
9 153	法国科学研究中心	法国	17.0	1.6	25.0
4 244	哈佛大学	美国	20.9	2.2	30.1
4 052	圣保罗大学	巴西	9.2	1.0	10.4
3 740	中国科学院大学	中国	16.9	1.7	31.5
3 420	牛津大学	英国	20.3	2.0	28.6
3 148	多伦多大学	加拿大	17.0	1.8	22.9
2 986	剑桥大学	美国	23.8	2.2	33.6
2 806	西班牙国际研究委员会	西班牙	20.9	1.8	26.7
2 789	伦敦大学学院	英国	20.5	2.1	27.2

图 4-11　含关联数据的论文影响力情况统计
（按发表量全球排名前十位的机构统计）

在数据论文方面，从全球数据论文发表量排名前十位的国家来看，FWCI 排名前列的分别为英国（2.2）和德国（2.0）；在出版的数据论文中，全球高被引论文（引用次数位于前 10%的论文）比例最高的国家为英国（19.5%），其次为法国（19.0%）和美国（17.3%），如图4-12所示。

数据论文数量（篇）	国家	论文平均被引用次数（次）	领域加权引用影响指标（FWCI）	引用次数位于前10%的论文比例（%）
2 030	美国	13.5	1.8	17.3
938	中国	11.4	1.5	15.6
808	印度	4.2	1.1	5.2
764	英国	16.2	2.2	19.5
760	德国	14.7	2.0	17.2
675	意大利	8.4	1.7	14.1
522	法国	9.9	1.8	19.0
495	日本	6.7	1.2	8.5
431	加拿大	9.8	1.6	16.0
427	西班牙	14.2	1.8	11.9

图4-12 数据论文的影响力情况统计

（按发表量全球排名前十位的国家统计）

从全球数据论文发表量排名前十位的机构来看，数据论文FWCI排名前三位的机构分别为哈佛大学（FWCI=8.0）、巴黎文理研究大学（FWCI=3.9）、德黑兰医科大学（FWCI=3.1）。在出版的数据论文中，全球高被引论文（引用次数位于前10%的论文）比例最高的机构为巴黎文理研究大学（41.9%），其次为哈佛大学（37.5%）和中国科学院（29.2%），如图4-13所示。

数据论文数量（篇）	机构	国家	论文平均被引用次数（次）	领域加权引用影响指标（FWCI）	引用次数位于前10%的论文比例（%）
301	法国科学研究中心	法国	12.0	2.1	24.6
263	科文纳特大学	尼日利亚	6.3	1.7	6.1
192	中国科学院	中国	12.6	1.9	29.2
147	法国国家农业食品与环境研究院	法国	7.7	1.6	16.3
133	俄罗斯科学院	俄罗斯	4.8	1.3	10.5
103	意大利国家研究委员会	意大利	8.8	1.8	13.6
98	西班牙国际研究委员会	西班牙	12.6	2.0	19.4
92	德黑兰医科大学	伊朗	12.1	3.1	23.9
86	巴黎文理研究大学	法国	13.6	3.9	41.9
80	哈佛大学	美国	25.6	8.0	37.5

图4-13 数据论文的影响力情况统计

（按发表量全球排名前十位的机构统计）

4.2 专利引用情况统计

在经济效益方面，2016—2020 年发表的数据论文，共获 128 次专利引用（见图 4-14），共计 38 篇数据论文被专利引用（见图 4-15）。每 1 000 篇数据论文中，被专利引用的平均次数为 10.7 次。

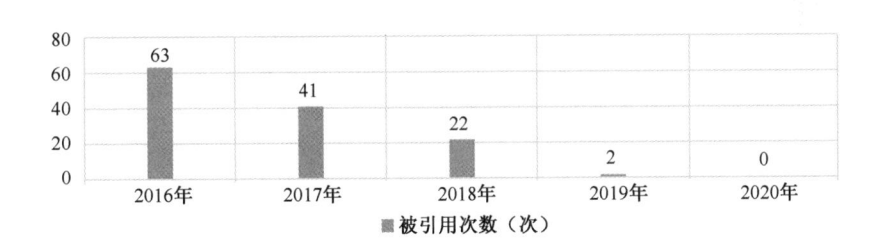

图 4-14 2016—2020 年发表数据论文的专利引用次数

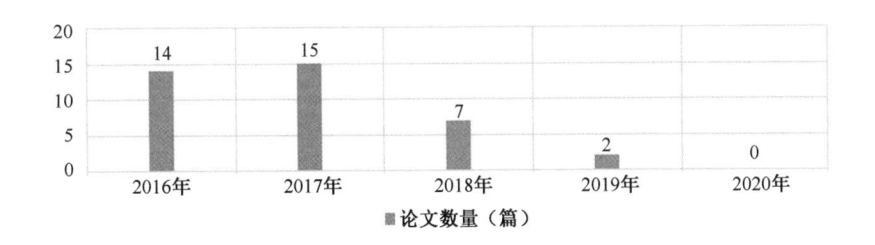

图 4-15 2016—2020 年被专利引用的数据论文数量

在含关联数据的论文中，2016—2020 年共获 7 518 次专利引用（见图 4-16），3 218 篇含关联数据的论文被专利引用（见图 4-17）。每 1 000 篇含关联数据的论文中，被专利引用的平均次数为 26.7 次，高于全球所有论文的平均水平（22.0 次/1 000 篇）。

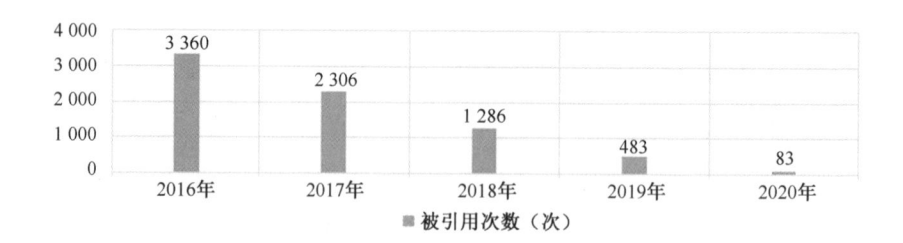

图 4-16 2016—2020 年发表的含关联数据的论文被专利引用次数

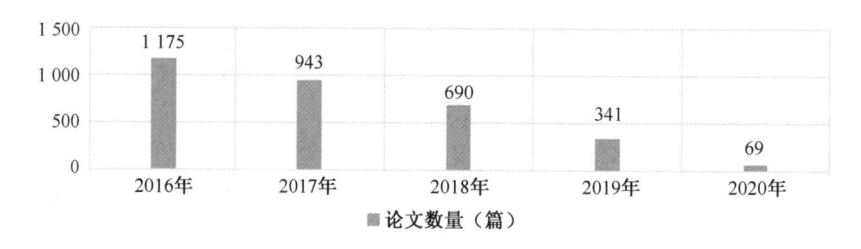

图 4-17 2016—2020 年被专利引用的含关联数据的论文数量

4.3 本章小结

2016—2020 年，科学数据出版的成效体现在各学科、各国的论文引用效果表现出稳定增长发展的良好态势：计算机科学数据论文，生物化学、遗传学和分子生物学含关联数据的论文与同领域论文相比被引用次数优势相对明显，其他学科优势则比较分散，各有侧重；美国在数据论文和含关联数据论文的发表量和被引用次数方面均处于世界领先水平，中国、英国和印度等国家也属前列水平。在科学数据的专利引用情况方面，数据论文和含关联数据论文均有明显的成效。此外，与全球发表论文被专利引用的平均水平相比，含关联数据的论文被专利引用次数明显更高。

第 5 章
与 COVID-19 有关的科学数据出版情况分析

2020 年以来，新型冠状病毒肺炎（Corona Virus Disease 2019，COVID-19）席卷全球，全球科学家携手面对疫情，在科学数据开放共享文化建设和实践方面获得了进一步的发展。本书统计了 2020 年 COVID-19 相关研究发表的含关联数据的论文情况。

据统计，在 2020 年发表的含关联数据的论文中，总计有 727 篇论文与 COVID-19 有关（94.8%的论文），参与论文发表的科研人员共计 7 297 人；在学术影响力方面，论文平均被引用次数达 27.4 次，FWCI 高达 7.66。

在学科领域分布上（见图 5-1 和图 5-2），在与 COVID-19 相关的开放数据中，医学领域占比最高，为 77.3%；生物化学、遗传学和分子生物学领域占比次之，为 15.7%；之后是免疫学与微生物学（11.1%），药理学、毒理学和药剂学（9.6%），以及社会科学（4.3%）。

论文数量（篇）	学科	论文平均被引用次数（次）	领域加权引用影响指标（FWCI）
562	医学	23.6	6.5
114	生物化学、遗传学和分子生物学	39.0	9.9
81	免疫学与微生物学	47.9	11.2
70	药理学、毒理学和药剂学	52.3	12.5
31	社会科学	20.0	9.8
15	计算机科学	20.8	3.9
15	数学	19.7	3.9
13	护理学	41.0	19.4
9	决策学	27.6	5.0
9	环境科学	10.9	3.3

图 5-1 COVID-19 相关数据排名前十位的学科领域分布情况统计

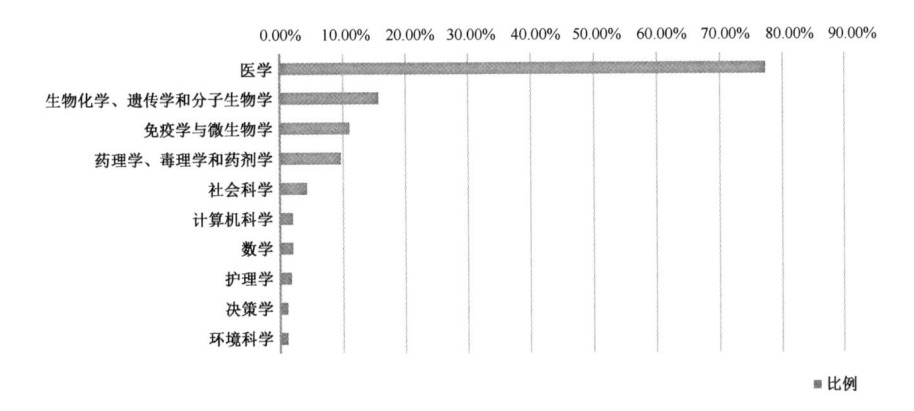

图 5-2　COVID-19 相关数据的学科领域分布（排名前十位）情况统计（更新）

COVID-19 相关数据关键词图显示（见图 5-3），出现频次最多的关键词是冠状病毒（Coronavirus）与 SARS 病毒（SARS Virus），流行病（Pandemic）、疾病暴发（Disease Outbreak）、严重急性呼吸综合征（Severe Acute Respiratory Syndrome）等词语也频繁出现。

图 5-3　COVID-19 相关数据关键词图

从数据的地域分布情况来看，与 COVID-19 相关的科学数据出版活动在全球范围内覆盖广泛（见图 5-4）。2020 年，含关联数据的 COVID-19 相关论文发表量排名前五位的国家分别为中国、美国、英国、意大利和法国，排名前十位的国家占据了全球学术产出的 80% 以上。其中，中国（198 篇）和美国（142 篇）的学术输出量超过百篇。此外，发表量排名前十位的国家一方面普遍拥有关于 COVID-19 的一手数据，另一方面在全领域的年度论文发表量上也普遍位居全球前列。

论文数量（篇）	国家	论文平均被引用次数（次）	领域加权引用影响指标（FWCI）	CiteScore前10%期刊中的出版比例（%）
198	中国	43.6	10.7	43.4
142	美国	39.3	10.2	34.5
95	英国	42.2	10.9	45.3
77	意大利	33.2	10.0	22.1
46	法国	24.2	7.2	58.7
43	加拿大	38.5	9.9	25.6
42	印度	25.0	11.0	7.1
38	德国	23.7	7.2	36.8
29	西班牙	14.2	4.7	41.4
27	巴西	38.1	11.3	14.8

图 5-4　COVID-19 相关含关联数据的论文发表量排名前十位的国家统计

在论文学术影响力方面，依据 FWCI 指数情况，除欧洲与北美洲国家等传统科研产出大国外，亚洲、拉丁美洲的国家和地区也在 COVID-19 的相关研究中贡献出较高水平学术产出和宝贵的科学数据，让我们看到公共突发事件推动了数据出版在全球范围的进一步普及和实践。在含关联数据的论文情况方面（见图 5-5），有 406 篇发表在 CiteScore 分区 Q1 区期刊，206 篇发表在 Q2 区期刊。

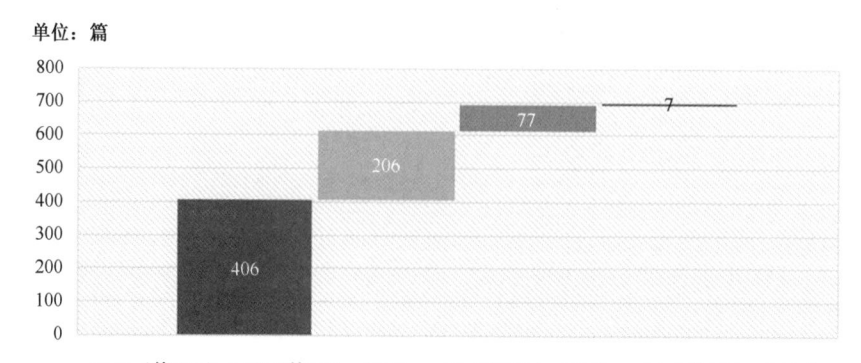

单位：篇

- Q1（前25%） 406
- Q2（前26%～50%） 206
- Q3（前51%～75%） 77
- Q4（前76%～100%） 7

图 5-5　2020 年发表的 COVID-19 相关含关联数据的论文期刊分区分布统计

近年来，数据开放共享的理念已逐渐获得广泛支持和推崇，并在 COVID-19 大流行的推动下，带来了更多的合作机会，与 COVID-19 相关的科学数据出版中涉及国际合作的论文占比为 28.2%，涉及产研合作的论文占比为 3.4%（见图 5-6）。

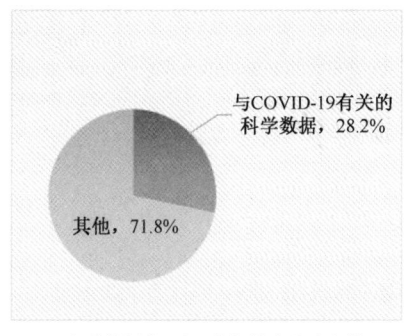

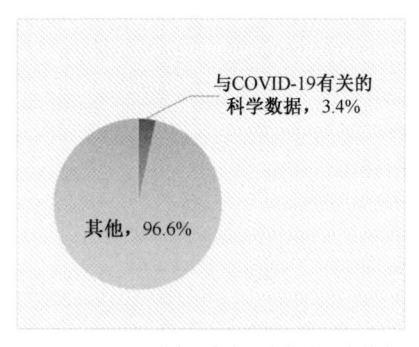

（a）与其他国家/地区的机构合著论文情况　　（b）COVID-19 相关论文在产研合作论文中的占比

图 5-6　COVID-19 相关数据出版的合作情况

新冠肺炎疫情的突然暴发，导致全球公共卫生安全危机。科学数据的开放共享对全球抗疫工作产生了积极的影响，在很大程度上实现了 COVID-19 相关研究工作的高质、高效突破。

第6章
案例分析：中国的科学数据出版与共享实践

中国的数据开放共享实践的主要推动力量包括政府、资金资助方、学术期刊出版和国际学术交流的需要。本章以国家案例为分析视角，就中国的科学数据开放共享政策建设实践，中国的科学数据期刊实践——以《中国科学数据（中英文网络版）》为例，以及中国的科学数据存储库建设实践情况进行介绍。

6.1 中国的科学数据开放共享政策建设实践

在国际层面，各国政府、国际组织和科研机构在保障和规范科学数据的合理、有效管理与共享方面已达成全球共识，并积极开展了相关政策的研究和制定工作。近年来，中国政府高度重视科学数据管理与数据共享工作，自顶向下形成了日臻完善的科学数据管理政策体系，有效指导了中国的科学数据管理实践，并在提升中国科研群体的科学数据管理素质上发挥了重要的推动作用。

1. 国务院发布《科学数据管理办法》

在完善国家数据开放体系的顶层规划上，中共中央办公厅、国务院办公厅于 2016 年印发了《国家信息化发展战略纲要》，进一步提出构建统一规范、互联互通、安全可控的国家数据开放体系，加强互联网政务信息数据服务平台和便民服务平台建设，加强信息资源开发利用的顶层设计和系统规划，完善制度体系，构筑国家信息优势。

为进一步规范我国科学数据的管理与共享工作，国务院办公厅于 2018 年 3 月发布了《科学数据管理办法》（以下简称《办法》）。《办法》指出，国务院和省级政府应负责建立健全本部门（本地区）的科学数据管理政策，科研院所和高等院校及企业等单位应负责建立科学数据管理系统。《办法》已成为我国首个国家层面的科学数据管理办法，针对目前我国科学数据管理中存在的薄弱环节进行系统部署和安排，围绕科学数据的全生命周期，加强和规范科学数据的采集生产、加工整理、开放共享等各环节的工作，对科学数据的管理具有划时代意义。《办法》明确了科学数据管理的职责、原则、方式和机制，揭开了中国从国家层面统筹部署科学数据管理工作的序幕[31]。

2. 相关部委发文强调落实科学数据管理法人单位责任

2020 年 7 月，科技部、国家自然科学基金委发布《关于进一步压实国家科技计划（专项、基金等）任务承担单位科研作风学风和科研诚信主体责任的通知》（国科发监〔2020〕203 号），旨在全面加强科研作风学风建设，进一步压实国家科技计划（专项、基金等）任务承担单位的主体责任，建立并严格执行科研数据汇交制度，确保本单位科研活动的原始记录及时、准确、完整，做到科研数据可查询、可追溯。该文件共提出 10 项要求，以加强对本单位拟公布的突破性科技成果和重大科技进展的审核把关，督促项目负责人、团队负责人、导师等对拟发表的论文严格把好学术关、诚信关。2020 年 9 月，《科学技术研究档案管理规定》正式发布，科学数据工作被再次强化。《科学技术研究档案管理规定》明确了归档范围，规定了科研文件材料归档要求及科研档案统计工作要求；同时，将科学数据纳入管理范围，并强化了相关主体的管理责任。

3. 省级地方政府及相关部委陆续发布《科学数据管理办法》实施细则

为了更好地落实《办法》，制定更符合本行业内或本行政区域内的数据管理政策，各部委、地方政府相继发布了数据管理政策。本书通过以"《科学数据管理办法》实施细则"为检索词，在互联网上收集到各省级地方政府发布的《办法》实施细则类政策文件 12 份（截至 2021 年 11 月 15 日）；梳理形成了各省级地方政府发布的《办法》实施细则类文件列表（见表 6-1），列表中的每份文件来自以 .gov.cn 为结尾的政府文件发布网站。

表 6-1　各省级地方政府发布的《办法》实施细则类政策文件

发布机构	政　策	发布时间
陕西省人民政府	《陕西省科学数据管理实施细则》	2018 年 8 月
黑龙江省人民政府	《黑龙江省贯彻落实〈科学数据管理办法〉实施细则》	2018 年 8 月
甘肃省人民政府	《甘肃省科学数据管理实施细则》	2018 年 8 月
云南省人民政府	《云南省科学数据管理实施细则》	2018 年 9 月
湖北省人民政府	《湖北省科学数据管理实施细则》	2018 年 11 月
安徽省人民政府	《安徽省科学数据管理实施办法》	2018 年 11 月
内蒙古自治区人民政府	《内蒙古自治区科学数据管理办法》	2018 年 11 月
吉林省人民政府	《吉林省科学数据管理办法》	2018 年 12 月
广西壮族自治区人民政府	《广西科学数据管理实施办法》	2018 年 12 月
江苏省人民政府	《江苏省科学数据管理实施细则》	2019 年 2 月
山东省科学技术厅等	《山东省科学数据管理实施细则》	2019 年 10 月
四川省人民政府	《四川省科学数据管理实施细则》	2019 年 12 月

在省级地方政府层面，部分省级政府为了深入贯彻落实《办法》，保障科学数据安全，提高科学数据开放共享水平，更好地支撑本行政辖区内科技创新和经济社会发展，纷纷制定《办法》实施细则类政策文件。

在部委层面，2020年6月，为落实国家关于科学数据管理、促进大数据发展的相关政策规定，进一步加强和规范交通运输行业科学数据管理，交通运输部办公厅起草《交通运输科学数据管理办法（征求意见稿）》，面向社会公开征求意见。2020年10月，国家气象局印发《气象数据管理办法（试行）》，进一步规范气象数据管理，加强资源整合、促进开发利用，保障气象数据安全。《气象数据管理办法（试行）》明确，气象数据收集汇交、存储保管和共享服务工作均实行目录制管理；明确按照以数据为中心的"云+端"业务技术体制，对气象数据进行集约存储管理，探索建立统一的数据标准规范和数据成果评估认证机制。2020年发布的科学数据管理政策还包括中国医学科学院印发《中国医学科学院-北京协和医学院科学数据管理办法（试行）》等。

4. 中国科学院发布并落实《中国科学院科学数据管理与开放共享办法（试行）》

中国科学院为进一步规范其产出科学数据的有效管理，确保科学数据安全，强化科学数据开放共享制度保障，于2019年2月11日发布了《中国科学院科学数据管理与开放共享办法（试行）》，提出以明确主体责任、明确工作机制、规范业务流程、规范适用范围四个要素为核心的科学数据管理基本框架。为促进院属单位落实《中国科学院科学数据管理与开放共享办法（试行）》，中国科学院办公厅以院年度信息化评估为"指挥棒"，增加对院属单位科学数据管理职责的评估指标，推动全院开展科学数据共享工作。

为加快落实《中国科学院科学数据管理与开放共享办法（试行）》，切实指导全院科学数据管理与开放共享工作，2020年12月，中国科学院办公厅发布《中国科学院科学数据工作要点》，从全面落实全院科学数据工作各方主体责任、完善院科学数据中心体系、推动院科技项目科学数据和科技期刊论文关联数据汇交和管理、提升科学数据质量和服务成效、保障重要领域科学数据安全等方面，提出中国科学院未来3~5年科学数据工作的重点任务和实施要点。

5. 配套法律法规、行业政策制定建设工作

我国科学数据共享立法立规、配套政策建设工作加速进行，2019年后，我国陆续出台包括《中华人民共和国人类遗传资源管理条例》（2019年7月）、《中华人民共和国生物安全法》（2021年4月）、《中华人民共和国数据安全法》（2021年6月）、《中华人民共和国个人信息保护法》（2021年8月）等在内的法律法规，逐步形成了以确保国家安全、个人隐私安全为前提的科学数据开放共享法律法规保障体系[32]，对推动我国科学数据共享工作良性健康发展具有重要的现实意义。

为进一步细化各行业数据管理规范、明确数据安全边界、明晰数据分级管理过程等，科技部、国土资源部、国家海洋局、国家气象局、国家地震局、国家卫生健康委等多行业部门出台政策制度，形成了行业规章制度动态延伸国家法规保障体系的联动模式。

此外，科技部、财政部于2019年6月发布国家科技资源共享服务平台优化调整名单，确立了20个国家科学数据中心、30个国家生物种质与实验材料资源库[33]，逐步成为推动中国科学数据管理与开放共享的有力抓手。国家科学数据中心依据领域数据特点，形成各自的数据政策，在操作层面进一步补充了国家法律法规、行业规章等制度体系，实现了科学数据管理与数据共享政策和实践的有机结合。

6.2 《中国科学数据（中英文网络版）》的数据出版实践

在科学数据出版实践上，中国的首本数据出版期刊《中国科学数据（中英文网络版）》（*China Scientific Data*，以下简称《中国科学数据》）于 2015 年 8 月面世。

《中国科学数据》（CN 11-6035/N，ISSN 2096-2223）是由中国科学院计算机网络信息中心创办的面向多学科领域科学数据出版的学术期刊，2015 年作为国家网络连续型出版物的首批试点之一，由中国科学院主管，与 ISC CODATA 中国全国委员会合办，由国家科技基础条件平台中心、中国科学院网络安全和信息化领导小组办公室指导。该期刊致力于科学数据的开放、共享和引用，推进科学数据的长期保存与数据资产管理，探索科学数据工作的有效评价机制，推动数据科学的发展，促进科学数据的可发现（Findable）、可访问（Accessible）、可互操作（Interoperable）、可重用（Reusable）。

《中国科学数据》积极探索实践网络出版、数据出版的新规律、新模式，通过出版数据论文，实现科学数据的正式出版，与国际数据出版模式同步。相关实践成果引起广泛关注，应用示范效应良好。2016 年 9 月，《中国科学数据》入选日本科学振兴机构（JST）中文期刊数据库来源刊；2017 年 5 月，《中国科学数据》被遴选为中国科学引文数据库（CSCD）核心库来源期刊（2017—2018）；2018 年，《中国科学数据》作为期刊典型案例在《中国科技期刊发展蓝皮书（2018）》中进行介绍；2021 年，《中国科学数据》编辑部获得第五届中国出版政府奖先进出版单位奖（见图 6-1）。

图 6-1　《中国科学数据》编辑部获得中国出版政府奖先进出版单位奖

《中国科学数据》主要收录文体为科学数据论文，著录内容包括数据论文及实体数据文件两部分，并且均需要经同行评议及质量评审后出版。完整的数据论文出版包括数据论文和对应数据集两部分，二者通过唯一标识符（Digital Object Identifier，DOI）实现一致性关联，经同行专家评议保障数据的高质量与可读性。数据论文发表后，其描述的数据集将同步公开共享（见图 6-2）。

为提升数据的可发现性、可引用性、可解释性和可重用性，确保数据能长期被访问和获取，数据论文描述的数据集须存入刊物认定的数据存储平台——科学数据银行（Science Data Bank，ScienceDB）。

《中国科学数据》的出版模式为两阶段迭代出版——"I 区"预出版和"II 区"正式出版。稿件通过编辑部初审认定后可以进入同行评议阶段，由编辑加工后即可推送到同行评议，并在期刊官网的"I 区"进行全文发布预出版；稿件最终通过专家同行评议和终审时，由编辑再次加工、经作者确认后，在期刊官网进行第二次全文发布，即在"II 区"正

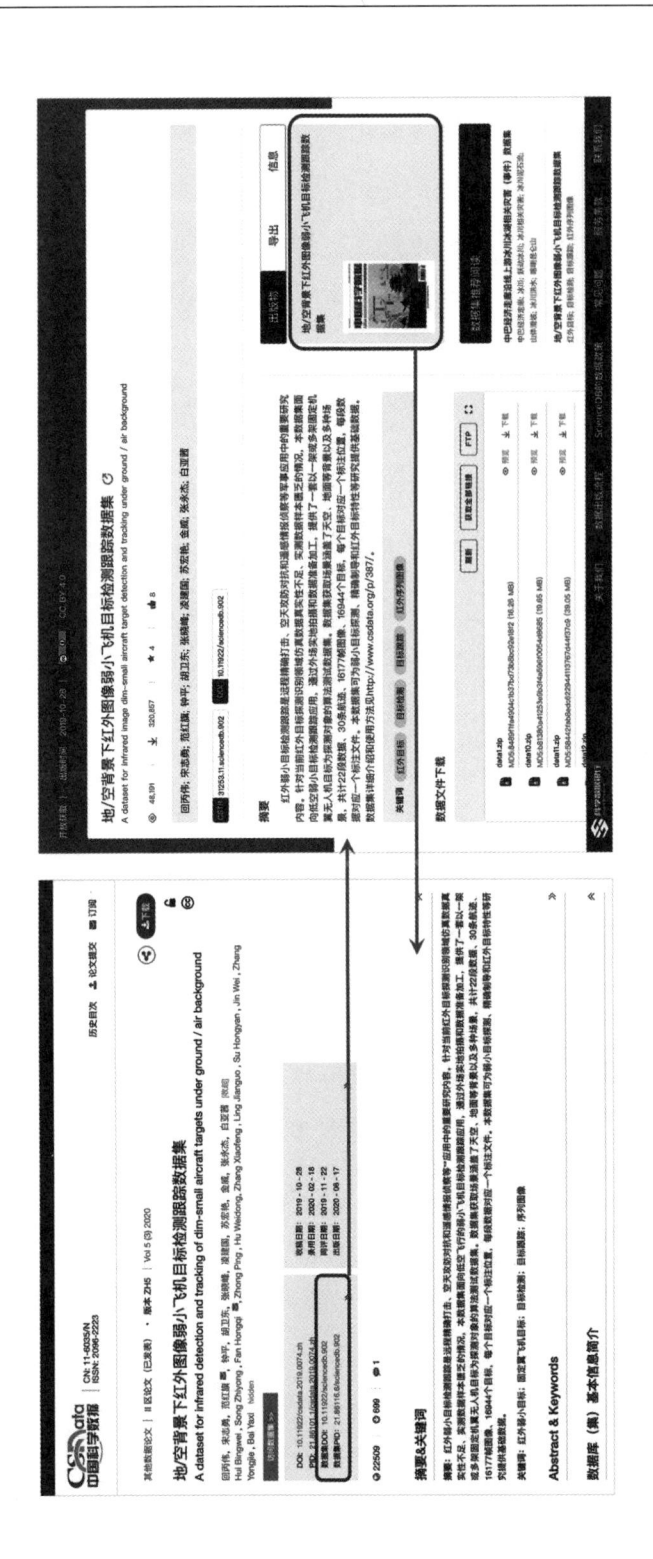

第 6 章 案例分析：中国的科学数据出版与共享实践

图 6-2 数据论文与数据集关联出版

· 67 ·

式出版。与传统学术期刊出版流程相比,《中国科学数据》作为网络连续出版物,将出版环节简化,出版过程更灵活,评审透明度更高。截至 2020 年 12 月 31 日,该刊收到稿件首次发表的平均周期为 34.59 天,利用数字化、网络化出版优势,大幅缩短了稿件上线周期,并以开放评审、预出版、开放科学数据等形式探索开放科学实践活动。

在数据出版过程中,《中国科学数据》和 ScienceDB 分别为数据论文和数据集分配唯一、永久的数字对象标识符(DOI)和科技资源标识(Common Science and Technology Resource, CSTR)。《中国科学数据》通过出版数据论文让数据生产者、生产单位及发布机构等版权信息得以正式声明,并形成规范的数据引用方式;该刊物要求数据遵循 Creative Commons Attribution 4.0 International License 协议在线发表,明晰了数据共享中相关的责权利定义,从根本上保护了数据生产者的著作权、署名权等知识产权,有效避免了数据被粗暴使用(未经许可使用或使用时不引用、不标注),甚至数据成果被窃取等问题。同时,数据以论文成果形式输出,可被传统科研评价体系接纳并给予认可。

截至 2021 年 10 月,《中国科学数据》共出版数据论文 389 篇(见图 6-3),其关联数据 11 678GB,涉及 11 个学科领域[1](见图 6-4),其中,论文关键词云图如图 6-5 所示,基金论文比达到 98.18%。已出版的数据论文浏览量达到 2 735 954 次,数据集访问次数达 3 696 263 次,数据集下载量达 1 158 451 人次。

---

[1] 中华人民共和国学科分类与代码国家标准(GB/T 13745—2009)。

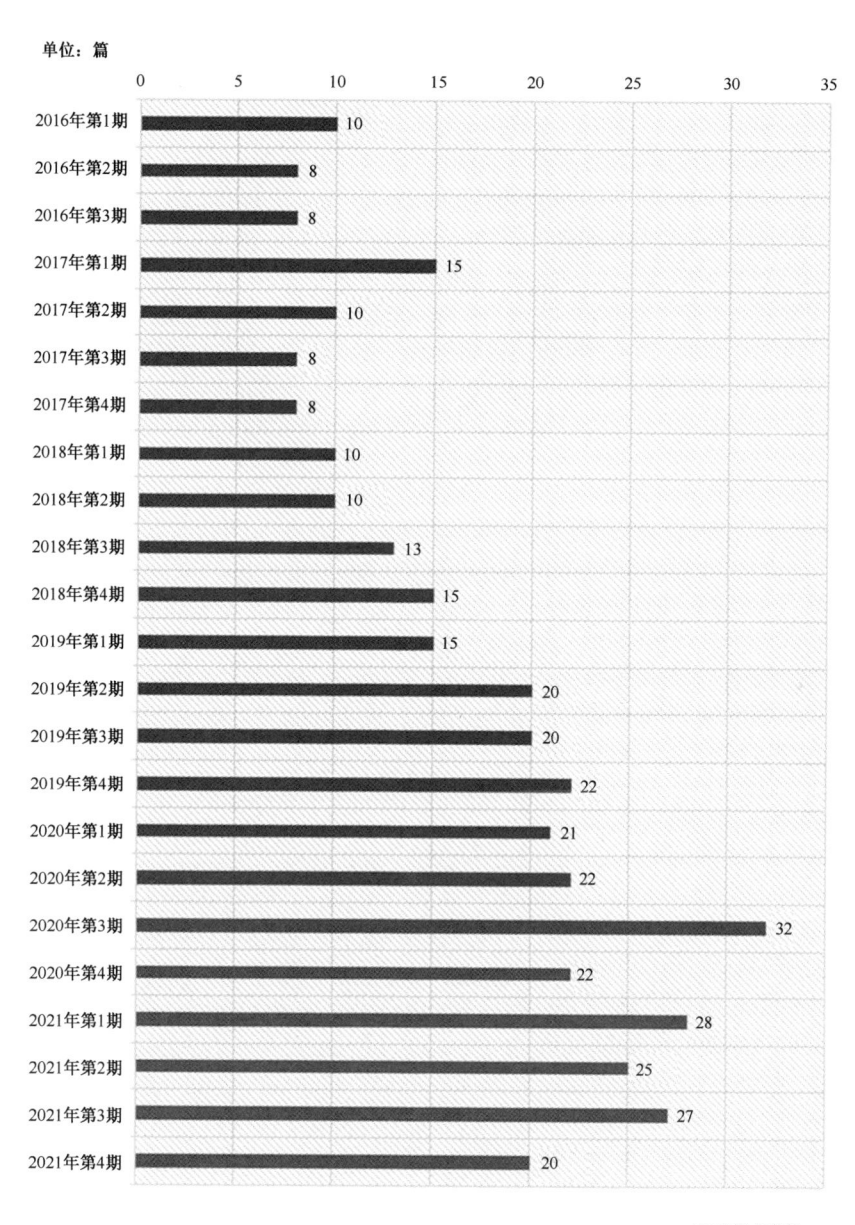

第6章 案例分析：中国的科学数据出版与共享实践

单位：篇

期号	出版文章数
2016年第1期	10
2016年第2期	8
2016年第3期	8
2017年第1期	15
2017年第2期	10
2017年第3期	8
2017年第4期	8
2018年第1期	10
2018年第2期	10
2018年第3期	13
2018年第4期	15
2019年第1期	15
2019年第2期	20
2019年第3期	20
2019年第4期	22
2020年第1期	21
2020年第2期	22
2020年第3期	32
2020年第4期	22
2021年第1期	28
2021年第2期	25
2021年第3期	27
2021年第4期	20

图 6-3　《中国科学数据》载文量卷期统计

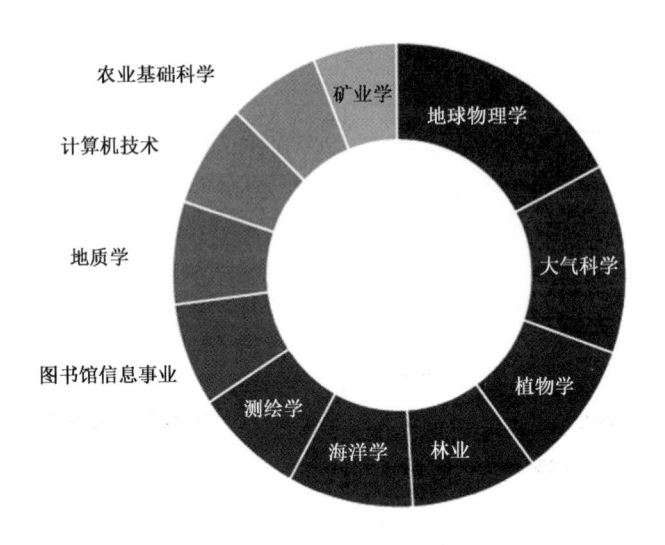

图 6-4 《中国科学数据》出版论文主要学科分布

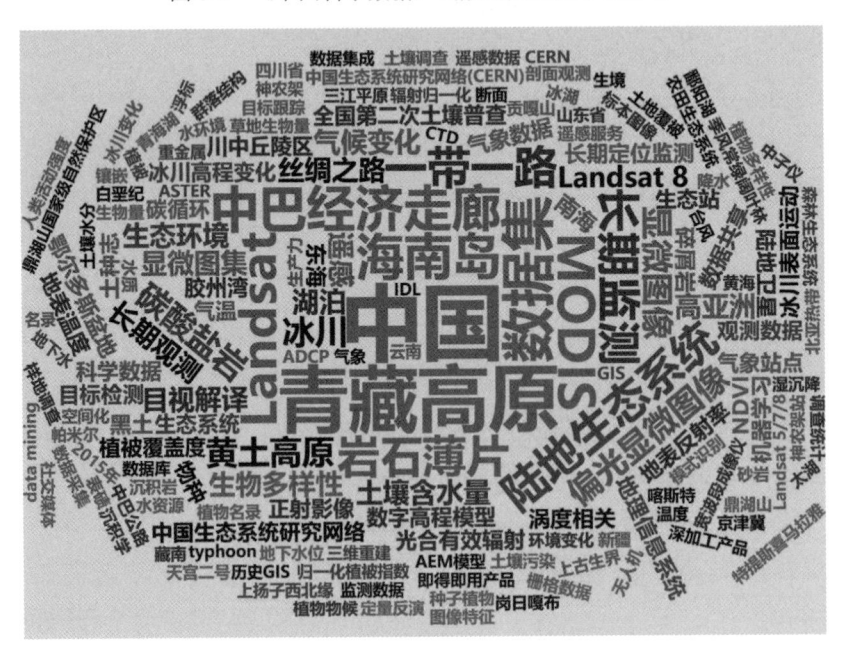

图 6-5 《中国科学数据》论文关键词云图

《中国科学数据》致力于积极推动中国的科学数据共享,提升数据影响力,出版了一批优质的国际化、中国特色数据集,对政府宏观决策与重大科学发现提供有力支撑。本书挑选了《中国科学数据》出版的部分特色专题——"地球大数据科学工程"专题、"高亚洲冰、雪和环境"专题和"中巴经济走廊"专题（见图6-6）——进行简要介绍。

图6-6 《中国科学数据》的特色数据专题封面

（1）"地球大数据科学工程"专题：该专题是对中国科学院"地球大数据科学工程"A 类战略性先导科技专项在资源环境、海洋、三极、生物多样性及生态安全领域等方面的重大突破和成果产出数据的策划出版，该专项有力地提升了中国科学院乃至国家层面地球科学领域数据资源的集成共享与挖掘分析能力。

（2）"高亚洲冰、雪和环境"专题：该专题重点对以陆上丝绸之路大通道为代表的重要地区的生态环境、水安全、基础数据等进行了收录出版，在推动冰冻圈数据的发布和共享，扩大数据应用，推动高亚洲冰雪变化及其影响的研究，以及提升对于本地区气候变化影响的认识等方面发挥了有效作用，支撑了全球气候变化研究及服务于陆上丝绸之路大通道区域的经济社会发展。

（3）"中巴经济走廊"专题：该专题为全面了解中巴经济走廊的自然环境现状、充分评估灾害风险、积极应对气候变化等方面提供了基础数据，有力地支撑了中巴经济走廊生态环境综合研究，支撑了当地基础设施与重大工程布局与建设、自然灾害监测与评估及生态安全评价。

《中国科学数据》积极支持国家科学数据的共享与建设工作，与多家国家科学数据中心合作，长期、持续出版优质数据论文与数据产品。

除《中国科学数据》外，在专业学科领域上，我国还创办了《全球变化数据学报（中英文）》《地球大数据（英文）》《数据智能（英文）》等数据期刊。

6.3 中国的科学数据共享存储平台建设发展

在服务数据出版的科学数据存储平台建设上，我国具有较长时间的探索尝试和良好的工作积累。在政府层面，2001年我国开始启动科学数据共享工程建设；2004年，我国设立国家科技基础条件平台建设专项，统筹推进相关工作[34]；自2018年《科学数据管理办法》发布以来，我国进一步优化科学数据管理布局与实施工作。在研究院所层面，中国科学院于"九五"期间开始设项开展科学数据库建设工作，持续建设至今已逐步形成中国科学院数据中心体系和服务全球科学数据出版的科学数据银行平台。在期刊的数据共享建设层面，中国科学技术协会在2020年部署"科技论文关联数据仓储及应用服务平台"项目，旨在推动世界一流科技期刊建设。

1. 中国政府积极推动的科学数据开放共享平台建设

1）国家层面实现重点领域首批国家科学数据中心布局

为落实《科学数据管理办法》和《国家科技资源共享服务平台管理

办法》的要求，规范管理国家科技资源共享服务平台（以下简称国家平台），完善科技资源共享服务体系，推动科技资源向社会开放共享，2019年6月5日，科技部、财政部发布《科技部 财政部关于发布国家科技资源共享服务平台优化调整名单的通知》[33]，在原有科学数据类国家平台的基础上，进一步优化调整为由九大部委或机构建设的20个国家科学数据中心。首批20个国家科学数据中心围绕地球科学、生物学、物理学、林学、农学、天文学、预防医学与卫生学、材料科学、基础科学等一级学科进行领域重点布局，其运行实施实现了众多学科领域科学数据的汇交整合与开放共享。

2）国家层面全面落实科技计划项目数据汇交

为规范和加强国家科技基础性工作专项科学数据汇交管理工作，有效发挥专项产出数据的科学价值、社会价值和经济价值，科技部于2014年颁布了《科技基础性工作专项数据汇交管理办法（暂行）》，全面启动科技基础性工作专项项目的数据汇交与管理共享工作。在国家科学数据中心体系建立后，经科技部基础研究司和国家科技基础条件平台中心的统一部署，国家科学数据中心全面开展国家重点研发计划项目科学数据汇交服务。20个国家科学数据中心汇聚的数据量不断增长。

科技部陆续发布相关工作要求和规范，进一步明确项目科学数据汇交的机制和流程，并由国家科学数据中心共同参与，完善规范化的项目数据汇交工作方案。2018年，《科学数据管理办法》的出台加快了国家科技计划项目数据的汇交，促进了数据共享应用。2018年12月，科技部出台了《国家重点研发计划项目综合绩效评价工作规范（试行）》，明确要求绩效评价材料中应包括科技资源汇交方案，应提交由有关方面认可的科学数据中心出具的汇交凭证。2019年7月，《科技部基础研究司资源配置与管理司关于开展科技基础性工作专项项目综合绩效评价工作的通知》将科学数据汇交列入综合绩效评价程序中，并明确项目科学数据汇交的流程和汇交内容要求。2019 年 8 月，各国家科学数据中心共同参与，开展了拟结题项目汇交培训工作，对数据汇交规范、审查要求等进行了讲解，并全程为项目数据管理计划编制、数据整编、数据提交等环节提供咨询和技术支持，顺利推进了项目数据汇交工作。2019 年 11 月，科技部基础研究司组织 20 个国家科学数据中心共同参与，研讨《科技计划项目科学数据汇交工作方案（试行）》，该工作方案于 12 月由科技部办公厅正式印发。该工作方案明确了科学数据汇交原则、管理主体与职责、主要内容及流程，进一步规范了科技计划项目科学数据汇交工作。

3）各省市积极促进科学数据开放共享，开展数据中心建设

为了进一步推进科技资源向社会开放共享，提高资源利用效率，促进创新创业，各省市也积极开展地方科学数据中心的建设。其中，重庆市、贵州省及甘肃省等地方政府分别作出了规划。

基于为重庆市发展智能制造、打造智慧城市提供强力支撑的目标，重庆市科技局计划实行重庆市科学数据中心、行业主管部门科学数据分中心、有关单位科学数据库等多级管理，按照统一的数据规范和管理标准，推进重庆市各行业科学数据资源共享。同时，为了有效发布科学数据信息并进行网络管理，重庆市将规划建设科学数据中心平台门户系统，通过平台门户系统向社会提供服务。

2018 年，贵州省政府首次把科学数据中心建设写入贵州省政府工作报告，并将其作为本届省政府的 9 个方面工作之一。贵州省规划建立超算中心、生物医学大数据中心、SKA（平方公里射电阵）数据中心、遥感数据中心、科技文献数据中心 5 个科学数据中心。

2020年12月29日，甘肃省科学技术厅印发《关于2020年度甘肃省科学数据中心立项建设的通知》(甘科基础〔2020〕4号)，明确甘肃省将分别以国家冰川冻土沙漠科学数据中心、兰州大学及甘肃省地震局为依托，建立甘肃省科学数据总中心、甘肃省生态环境科学数据中心、甘肃省气候变化科学数据中心、甘肃省自然灾害科学数据中心，初步形成"1个科学数据总中心+3个领域科学数据中心"的第一期布局。

2. 中国科学院的科学数据开放共享平台建设实践

1）中国科学院科学数据中心体系建设实践

2019年年初，在《中国科学院科学数据管理与开放共享办法（试行）》的指导下，中国科学院启动中国科学院科学数据中心体系建设项目，旨在建设以"总中心-学科中心-所级中心"3类科学数据中心为核心，安全体系、运行体系和评价体系共同保障与驱动的一体化科学数据中心网络。

根据中国科学院科学数据中心体系建设实施方案，该项目构建了全院一体化的科学大数据生产、管理、应用和开放共享的生态系统，持续推进科学数据资源积累和开放共享，提升数据支撑服务能力，挖掘科学数据价值，实现全院科学数据工作体系化、常态化，持续推动中国科学院科学数据资源的长期保存和开放共享。

两年来，中国科学院由1个总中心、18个学科中心及一批所级中心组成的院科学数据中心体系已初步形成，成为实施和推动科学数据管理与开放共享的重要载体，以及实现院科技项目数据汇交管理的重要依托，形成了良好的通用技术支撑和公共服务能力，推动运行体系、安全体系、评价体系建设，在全院科学数据中心体系建设工作中发挥了重要作用；完成了学科中心能力建设任务，形成了全院18个学科中心领域布局。

制定了领域规范，参与了院科学数据实施细则编制；持续开展资源汇聚与整合，服务平台集成建设并提供持续稳定服务；在新冠肺炎疫情防治、创新研究、重大项目、国民经济建设中发挥了作用；完成了所级中心能力建设任务，制定了所级科学数据管理办法及相关政策。

中国科学院科学数据中心体系的完善，实现了资源层面互联互通，在国家科学数据中心建设中发挥了骨干引领作用。

2）通用型科学数据存储库——科学数据银行

2015年，中国科学院推出公共数据存储平台"科学数据银行"（ScienceDB；中文站点首页界面如图6-7所示）。作为一个公共数据存储平台，ScienceDB主要面向科研工作者、学术期刊、学术出版商等公众用户，提供全学科领域的数据出版、数据共享与数据获取服务。ScienceDB致力于出版符合主流数据标准及行业管理的科学数据，旨在促进科学数据的可发现性、可访问性、互操作性和可重用性，提升科学研究过程的透明度，促进科学数据共享与重用。

ScienceDB的建设方向和应用服务符合数字仓储平台的TRUST（Transparency, Responsibility, User Focus, Sustainablity and Technology）原则[35]——形成了完善且公开的数据服务及数据政策体系，确保平台服务对公众用户的透明度；并且可确保平台公开数据的可靠、永久共享服务，形成了数据存储、数据一致性校验等关键技术和数据质量审核等管理机制；长期坚持对标国内外行业标准规范，以用户需求为出发点，持续迭代升级服务能力，配备专业的技术支持服务；在保障平台的可持续运作发展方面，ScienceDB形成了平台可稳定访问、数据可长期保存的服务能力；整体基建环境基于海量数据存储、处理与灾备能力，具备全球网络传输与加速服务能力，可确保数据获取的安全性、稳定性和便捷性。

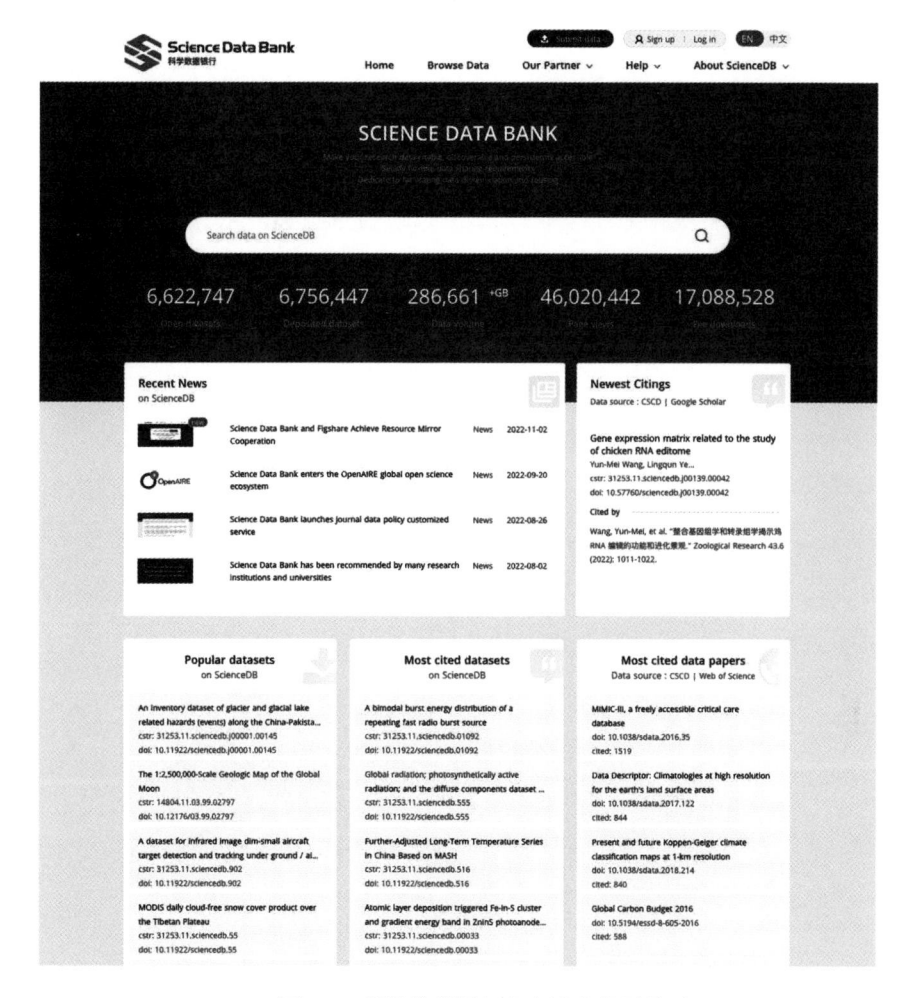

第 6 章　案例分析：中国的科学数据出版与共享实践

图 6-7　科学数据银行中文站点首页界面

从服务内容上，站点配备公开透明的服务使用条款、内容举报流程、站点数据提交协议、数据行为规范（涵盖数据共享道德要求，涉及人类数据、动物数据、临床数据、遗传数据、地理信息数据等）、数据脱敏声明材料要求、支持的数据许可协议等。在站点数据治理要求上，ScienceDB 在站点公开了其数据在系统上的提交流程、更新流程、撤销流程及要求，以及站点公开数据的形式审核标准、数据文件格式规范要求等。

ScienceDB 便利了中外学者与期刊的数据出版、数据共享实践工作，已为全球 160 余个国家/地区的科研工作者提供数据存储与获取服务，支撑的重大研究包括联合国可持续发展计划（Sustainable Development Goals，SDGs；见图 6-8）、郭守敬望远镜（Large Sky Area Multi-Object Fiber Spectroscopy Telescope，LAMOST）、"中国天眼"（Five-Hundred-Meter Aperture Spherical Telescope，FAST；见图 6-9）、中国人脑毕生发展研究、世界第三极研究等。截至 2021 年，ScienceDB 已被包括 Springer Nature、Cell Press、Elsevier、Taylor & Francis、AGU 等在内的多家国际权威学术出版商推荐，成为全球万余种科技期刊推荐使用的通用型数据存储库；已被 Google Dataset Search、Web of Science 旗下的 Data Citation Index、Elesevier 旗下的 Mendeley Data 和 Scopus、Bielefeld Academic Search Engine（BASE）等国际主流数据库收录。

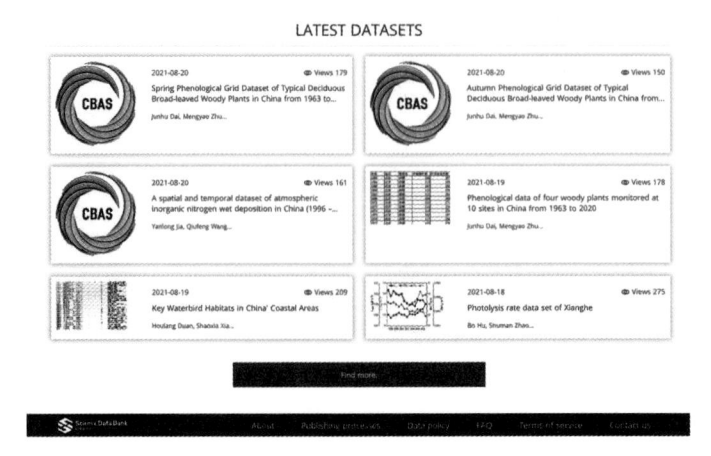

图 6-8　SDGs 数据存储库站点服务界面

图 6-9　ScienceDB 支持"中国天眼"数据发布报道

此外，中国的高校也在科学数据共享实践上开展了积极的尝试，如北京大学开放研究数据平台（Peking University Open Research Data Platform）等。

3. re3data 注册的中国数据存储平台情况分析

re3data 是科学研究数据存储库的全球注册中心，涵盖不同学科的科学研究数据存储库[36]。re3data 平台数据显示，截至 2021 年中国注册的数据存储平台数量在全球排名第 12 位，注册数据存储平台 48 个。

在数据存储平台的学科分布上（见图 6-10），re3data 平台数据显示，中国数据存储平台相对较为集中,主要来源于生物学、地球科学等领域,其他学科领域相对较少。

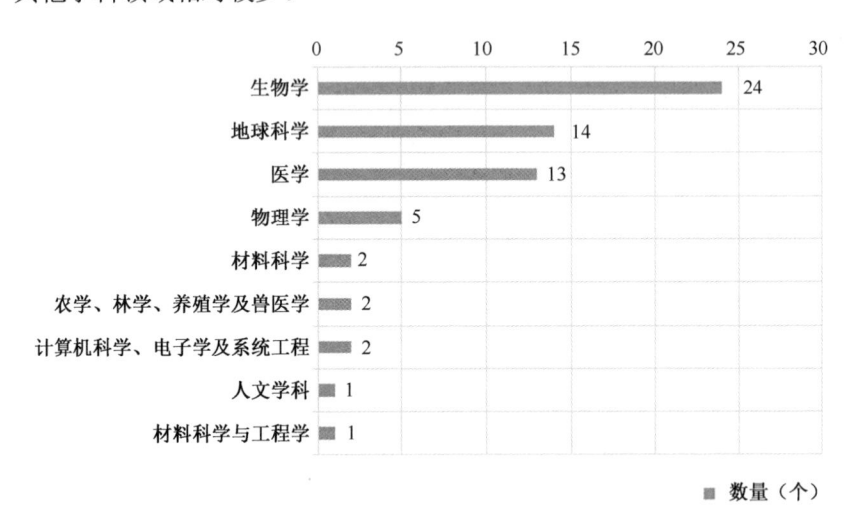

学科	数量(个)
生物学	24
地球科学	14
医学	13
物理学	5
材料科学	2
农学、林学、养殖学及兽医学	2
计算机科学、电子学及系统工程	2
人文学科	1
材料科学与工程学	1

图 6-10 中国在 re3data 注册的数据存储平台学科分布情况

在 re3data 注册的 48 个中国的科学数据存储平台中,有 43 个标注为领域存储库,有 4 个标注为机构库。中国的科学数据存储平台类型以领域存储库为主,而运营主体多为研究机构、科学数据中心等,资金来源主要为国家财政经费资助,商业投资或自身服务收入较少。整体而言,中国的科学数据存储平台的服务与内容建设在影响力、国际化、标准规范、FAIR(可发现性、可访问性、互操作性与可复用性)、服务专业性、权威性、平台安全与可信性、用户体验友好度、数据质量、数据规模、数据更新时效等方面逐步加强。

在国际化服务能力方面,在 re3data 注册的中国科学数据存储平台中,超过 95%的平台可提供英文交互界面。在国际标准规范遵循方面,在 48 个中国数据存储平台中,16 个平台提供了 DOI 等数据全球唯一标识,14 个平台提供了标准的数据引用格式说明。此外,11 个存储平台或服务注册信息中标注遵循一定的国际标准或国内标准规范。

在平台升级维护及数据内容更新方面，在48个中国科学数据存储平台中，接近一半的存储平台会不定期进行数据内容的更新或功能服务的升级。在存储库的数据资源方面，大多存储库以政府部门、科研机构或领域科学家自主产生的科学数据为主，其中支持数据开放提交的存储库有10个。

此外，以国际数据组织为纽带，中国科学家也积极参与国际数据组织平台建设，推动数据开放共享。1984年，中国加入国际科技数据委员会（CODATA）并成立了中国全国委员会，管辖了10个科学数据协作组。1988年，中国加入世界数据系统（WDS），截至2020年，WDS共有128个成员组织，其中，中国共有9个数据中心/系统加入，数量仅次于美国（28个）。2007年，中国启动了由中国科学院领衔的"促进发展中国家科学数据共享与应用全球联盟"计划，并促进了"发展中国家数据共享原则"的颁布。地球观测组织（GEO）于2005年成立，截至2021年共有113个国家成员和135个国际组织成员，中国作为GEO的创始国及联合主席国，积极参与并努力推动地球观测数据的开放共享。

第 7 章
结论与建议

综合全球科学数据出版的发展态势和实践成效来看,科学数据出版的体量在学术论文出版中的占比仍很"小众",但其发展势头迅猛,国际顶尖出版商、各国政府对其认可程度极高,加之COVID-19这类需要全人类共同面对的突发公共卫生事件助推,数据出版在全世界、全学科领域都得到了一定的实践和发展。此外,在学术影响力和经济效益方面,数据出版为传统学术出版带来了新的增长潜力。

在国际范围内,数据共享与数据出版建设已取得了客观进展,从近年来的全球公共卫生突发事件的应对情况可见一斑。在2013—2016年埃博拉病毒暴发期间,世界卫生组织(World Health Organization,WHO)发表了题为"制定公共卫生突发事件期间共享数据和结果的全球规范"的声明(2015年),呼吁全球范围内在突发公共卫生事件的数据共享实践上有所突破,包括研究人员、资金资助方和出版商在内的各方要支持研究数据与研究结果的快速分享与公开[37]。但在埃博拉病毒暴发期间,全球范围内数据共享实践上的失利,阻碍了公共卫生领域在对抗疫情上付诸的努力[38]。近年来,全球各国政府、资金资助方、国际组织、国际出版商及科研工作者共同努力,让我们在COVID-19全球大流行期间感受到了数据共享环境在国际范围内的快速发展:中国科学家在第一时间发布了SARS-CoV2基因序列,并开放全球用户"免费下载、分享、使用和分析数据",为全球疫苗研发提供了宝贵的一手数据,大幅缩短了相关研究的工作周期。在COVID-19大流行期间,全球科学共同体团结一致,表现出了强烈的责任心和使命感,推动了全球范围内的数据共享意识觉醒。

但数据出版与数据共享的挑战依然存在。从统计数据上看，数据出版的实践仍处于初步探索阶段，全球范围的覆盖率亟待提升。结合数据统计态势及本书在数据整理过程中遇到的问题，对数据出版实践提出以下建议。

1. 共建良性的全球数据共享政策环境，推动国际开放科学建设

在科学数据出版的实践过程中，政府、资金资助方及各方的政策制定者起到重要的推动和协调作用。过去的5年间，国际组织发挥了重要的推动作用，如联合国教科文组织（UNESCO）、国际科学理事会（International Science Council，ISC）、研究数据联盟（Research Data Alliance，RDA）、世界卫生组织（WHO）等，但全球范围内的数据共享政策环境建设仍有待进一步加强协调与合作。

一方面，各国政府和资金资助方应承担起责任，仍需要不断加强和完善国内的数据政策环境建设。①确保数据安全政策体系的构建。加强数据立法，结合不同学科领域的特点，形成建设性意见以指导数据分级管理实施；在政策层面架构起数据安全管理的监管机制，规避个人隐私、物种安全等敏感数据的披露风险，确保应保护的数据尽可能保护（As closed as necessary）。②加大政策引导，鼓励更为广泛的科学数据出版实践。加强数据出版与数据共享的政策引导，提出数据共享与数据出版原则、要求，落实监管机制；加大资金投入，支持科学数据出版的基础设施和数据存储平台建设；配套考核评价体系，将科学数据成果纳入人才评价体系，从政策层面吸引更多科研人员、团队参与科学数据出版与共享实践。

另一方面，国际组织、学术出版商、数据存储平台等需要继续不断发挥国际间交流合作的桥梁作用，协调各国政府间的数据政策要求，组织各数据利益相关方广泛参与、积极讨论，要鼓励能开放的数据尽可能开放（As open as possible），但也要尊重地域特点和数据权益问题（如数据治理的 CARE 原则——关注集体利益，关注控制权、责任和伦理[39,40]等），寻求利益平衡点，探寻日臻完善的数据政策。此外，在国际范围内应进一步加强科学数据开放共享最佳实践的政策指导和实施推进。从统计数据来看，数据出版实践的国际发展情况不均衡，各期刊实践情况参差不齐，众多学科方向数据出版实践刚起步等情况仍广泛存在。

2. 建立数据出版与数据共享的评价机制，配套完善激励体制建设

在过去的 5 年里，国际社会越来越清楚地认识到实践数据出版与数据共享的诸多益处，如可以大幅提升研究透明度、提升科研创新进程、减少资金开销等。越来越多的期刊和资金资助方开始要求科研人员出版或共享他们的数据成果，科学数据出版在科研学术界的认可度和接受度也得到了普遍提升。但在实践层面，数据出版与数据共享依然受到激励体制匮乏等诸多客观因素的影响，不具备良好的可持续性和自驱动性。事实上，数据整理需要大量的人力和时间成本，而这类工作很多时候由于缺乏支持和正向反馈而经常显得"出力不讨好"。Digital Science 发表的《2020 年全球数据共享报告》显示，在参与问卷调查的全球科研人员中，只有不到 15% 的人认为自己的数据共享工作得到了足够的认可。对那些需要长期可持续性更新管理的数据共享工作而言，这种成就感和获得感的缺乏无疑是不容忽视的阻力。此外，具备科学数据管理能力的人才队伍培育与激励机制建设亦是不可分割的，缺乏晋升路径也阻碍着研究人员将数据管理纳入职业规划选项。

"科研成果的产出形式远不止论文"早已得到国际社会的广泛认可。在某种程度上，数据出版是一种打破数据共享工作不被传统科研评价

"认可"僵局的尝试,但缺失激励机制与评价体系使得相关实践很多时候也只能在少数有情怀、科研资源相对充足的团队开展。因此,科研评价机制、配套激励体系的健全对促进数据出版与数据共享的广泛实践起着至关重要的作用。提升数据出版参与度,必须在数据管理体系中加入对数据共享工作的激励[41],如规范数据成果引用、将数据贡献者列为合著作者等方式。建立数据成果的评价计量机制,并纳入科研评价体系,让数据贡献者通过发表数据可以得到相应的科研经费支持、公平的职业晋升机会及相应的奖项奖励,同样不容忽视。除了学术激励机制的认可,商业化的经济获益也能正向鼓励数据共享。

3. 加强科学数据管理教育,提升科学数据素养,培养专业人才

加强数据科学、科学数据管理等方面的教育与人才培养,对提升数据出版参与度、提升共享数据质量、降低数据管理成本而言有着重要意义。在过去的 5 年里,我们看到国际组织(如 CODATA、RDA 等)、学术出版商(如 Elsevier、Springer Nature 等)、数据存储库(如 Science Data Bank、Mendeley Data 等)在科学数据实践上开展过各种培训活动,但系统性的教育工作尚待完善。例如,在数据管理工作中,科研人员常会碰到不知何时及如何制订数据管理计划,如何高效组织推进数据管理工作,选择什么样的工具或存储库等问题。通常,科研人员会向任职学术机构寻求帮助,但现有的图书馆学人才、信息系统管理人才并不能给予足够专业的指导意见。很多科研人员在自我摸索中开展科学数据管理工作,难免"事倍功半",这也成为阻碍数据出版与共享实践的又一客观因素。在数据出版的同行评议过程中,需要能够评判数据可用性、可验证性的评审人对数据出版质量进行评价;在实践数据出版时,期刊也需要在编辑队伍中培养或吸纳相关专业人才。

此外,学校、机构需要在科研人员,尤其是学生和处于学术生涯早期的研究人员身上，加大科学数据素质的培养，这将有利于他们将科学、高效的数据管理工作融入日常科研过程。专业的科学数据管理素养，可以帮助科研人员规范数据组织过程，避免数据缺失，降低数据不可用、不可验证、不可理解的风险，对于提升数据出版质量、提升数据可重用性具有重要意义。科学数据素养训练还包括如何将数据组织为成果进行发布，如何规避数据共享过程中潜在的伦理道德问题，如何规范引用他人数据成果等多方面问题。最后，科学数据素养的培育还应包括对科学数据共享价值的真正认可与接纳，而非简单的考核评价需求，或者出版商、资金资助方的单方面强制要求。

4. 完善科学数据出版的标准体系，共建全球开放科学数据资源网络

在过去 5 年的数据出版与数据共享实践中，全球范围内的研究者探索形成了一系列标准、原则及指导意见。其中，2016 年发表的 FAIR 原则在全球范围内的影响尤为显著。自发表以来，FAIR 原则在全球范围内获得了广泛认可[42-44]，并在数据出版及数据管理过程中，对提升数据的机器友好性（Machine-friendly）具有重要指导意义。期刊出版商在对数据出版及数据可用性声明等方面的标准制定与协调上，已经取得了不错的成效；并在 FAIR 原则的基础上，参与 TRUST 原则[35]制定，指导数据存储库建设等。但在全球全学科领域范围内，FAIR 原则的实现仍面临着诸多挑战，其中"互操作性"（Interoperability）的实现挑战最为明显。

一方面，世界各国需要继续努力推广统一、通用的元数据标准、学科内部和学科之间的标准等；另一方面，跨国间数据交流的格式标准化建设也须重视。其中，数据存储库在标准制定和数据传播方面发挥重要的中介作用。作为实现数据出版的基础设施提供方和数据传播的重要载体，数据存储库尤其是面向国际的公共数据存储库，可以在很大程度上消除不同研究人员、资助机构、出版商和标准机构,以及国家间在数据整理、数据出版等方面上的标准差异。因此,数据存储库应发挥平台和技术优势,在国际间数据创建、流通与利用中起到良好的调和作用,共同应对全球数据出版与数据共享的基础设施建设挑战,加强国际间的合作互联,构建全球数据资源网络,在提升共享数据的可访问性、互操作性等方面发挥重要作用。

参考文献

[1] 汪俊. 美国科学数据共享的经验借鉴及其对我国科学基金启示：以 NSF 和 NIH 为例[J]. 中国科学基金，2016, 30(1): 69-75.

[2] COLLINS F S, TABAK L A. Policy: NIH plans to enhance reproducibility[J]. Nature, 2014, 505: 612-613.

[3] 张丽丽，温亮明，石蕾，等. 国内外科学数据管理与开放共享的最新进展[J]. 中国科学院院刊，2018, 33(8): 774-782.

[4] DAS A K. UNESCO recommendation on open science: An upcoming milestone in global science[J]. Science Diplomacy Review, 2020, 2(3): 39-43.

[5] YANG W. Open and inclusive science: A Chinese perspective[J]. Cultures of Science, SAGE Publications, 2021, 4(4): 185-198.

[6] WILKINSON M D, DUMONTIER M, AALBERSBERG I J J, et al. The FAIR guiding principles for scientific data management and stewardship[J]. Scientific data, 2016, 3(1): 1-9.

[7] ZHANG L, MA L. Does open data boost journal impact: Evidence from Chinese economics[J]. Scientometrics, 2021, 126(4): 3393-3419.

[8] DUAN Q, WANG X, SONG N. Reuse-oriented data publishing: How to make the shared research data friendlier for researchers[J]. Learned

Publishing, 2022, 35(1): 7-15.

[9] PICKERING B, BIRO T, AUSTIN C C, et al. Radical collaboration during a global health emergency: Development of the RDA COVID-19 data sharing recommendations and guidelines[J]. Open Research Europe, 2021, 1(69): 69.

[10] 屈宝强, 宋立荣, 王健. 开放共享视角下科学数据出版的发展趋势[J]. 中国科技期刊研究，2019, 30(4): 329-335.

[11] 刘兹恒, 涂志芳. 数据出版及其质量控制研究综述[J]. 图书馆论坛，2020, 40(10): 99-107.

[12] 李慧佳, 马建玲, 王楠, 等. 国内外科学数据的组织与管理研究进展[J]. 图书情报工作，2013, 57(23): 130-136.

[13] VAN LOENEN B, ZUIDERWIJK A, VANCAUWENBERGHE G, et al. Towards value-creating and sustainable open data ecosystems: A comparative case study and a research agenda[J]. JeDEM- EJournal of EDemocracy and Open Government, 2021, 13(2): 1-27.

[14] 李思经, 宋立荣, 王健. 面向开放共享的科学数据出版：机遇、挑战与对策[J]. 中国科技期刊研究，2021, 32(5): 671-679.

[15] BORGMAN C L. The conundrum of sharing research data[J]. Journal of the American Society for Information Science and Technology, 2012, 63(6): 1059-1078.

[16] 王卫军, 李成赞, 郑晓欢, 等. 全球科学数据出版发展态势分析——基于 Web of Science 数据库的调研[J]. 中国科学数据（中英文网络版），2021, 6(3): 267-285.

[17] 涂志芳. 科学数据出版的基础问题综述与关键问题识别[J]. 图书馆, 2018(6): 86-92.

[18] HRYNASZKIEWICZ I, BUSCH S, COCKERILL M J. Licensing the future: Report on BioMed Central's public consultation on open data in peer-reviewed Journals[J]. BMC Research Notes, 2013, 6(1): 1-5.

[19] FEDERER L M, BELTER C W, JOUBERT D J, et al. Data sharing in PLoS one: An analysis of data availability statements[J]. PLoS one, 2018, 13(5): e0194768.

[20] BLOOM T, GANLEY E, WINKER M. Data access for the open access literature: PLoS's data policy[J]. PLoS medicine, 2014, 11(2): e1001607.

[21] AALBERSBERG I J J, HEEMAN F, KOERS H, et al. Elsevier's Article of the Future enhancing the user experience and integrating data through applications[J]. Insights, 2012, 25(1): 33-43.

[22] 刘凤红, 彭琳. FAIR 原则背景下国际出版集团的数据政策和实践[J]. 中国科技期刊研究, 2021, 32(2): 173-179.

[23] WU Y, MOYLAN E, INMAN H, et al. Paving the way to open data[J]. Data Intelligence, 2019, 1: 368-380.

[24] VASILEVSKY N A, MINNIER J, HAENDEL M A, et al. Reproducible and reusable research: Are Journal data sharing policies meeting the mark?[J]. PeerJ, 2017, 5: e3208.

[25] 刘晶晶, 顾立平. 数据期刊的政策调研与分析——以 Scientific Dat 为例[J]. 中国科技期刊研究, 2015, 26(4): 331-339.

[26] SCIENTIFIC Data. Finding a sensible approach to sensitive data[J]. Scientific Data, 2018, 5: 180253.

[27] SHAKLEE P M. Data in brief—Making your data count[J]. Data in Brief, 2014, 1: 5-6.

[28] 彭琳，韩燕丽. 我国科技期刊数据政策分析及启示——以中国科学院主办英文期刊为例[J]. 中国科技期刊研究，2019, 30(8): 870-877.

[29] BAKER M. 1 500 scientists lift the lid on reproducibility[J]. Nature, 2016, 533 (7604): 452-454.

[30] PENG R. The reproducibility crisis in science: A statistical counter attack[J]. Significance, 2015, 12(3): 30-32.

[31] 王瑞丹，杨静，高孟绪，等. 加强和规范我国科学数据管理的思考[J]. 中国科技资源导刊，2018, 50(2): 1-5.

[32] LI C, ZHOU Y, ZHENG X, et al. Tracing the footsteps of open research data in China[J]. Learned Publishing, 2022, 35(1): 46-55.

[33] 涂志芳，杨志萍. 我国科学数据管理与共享实践进展：聚焦两种主要模式[J]. 图书情报知识，2021, 38(1): 103-112.

[34] 苏靖，石蕾，王正，等. 推进科学数据与信息资源管理共享的思路与对策[J]. 中国科技资源导刊，2015(5): 45-49.

[35] LIN D, CRABTREE J, DILLO I, et al. The TRUST principles for digital repositories[J]. Scientific Data, 2020, 7(1): 1-5.

[36] PAMPEL H, VIERKANT P, SCHOLZE F, et al. Making research data repositories visible: The re3data.org registry[J]. PLoS one, 2013, 8(11): e78080.

[37] MODJARRAD K, MOORTHY V S, MILLETT P, et al. Developing global norms for sharing data and results during public health

emergencies[J]. PLoS Medicine, 2016, 13(1): e1001935.

[38] LITTLER K, BOON W M, CARSON G, et al. Progress in promoting data sharing in public health emergencies[J]. Bulletin of the World Health Organization, 2017(95): 243.

[39] CARROLL S R, HERCZOG E, HUDSON M, et al. Operationalizing the CARE and FAIR principles for indigenous data futures[J]. Scientific Data, 2021, 8:108.

[40] CARROLL S R, GARBA I, FIGUEROA-RODRÍGUEZ O L, et al. The CARE principles for indigenous data governance[J]. Data Science Journal, 2020, 19(1):43.

[41] TENOPIR C, DALTON E D, ALLARD S, et al. Changes in data sharing and data reuse practices and perceptions among scientists worldwide[J]. PLoS one, 2015, 10(8): e0134826.

[42] WILKINSON M D, DUMONTIER M, AALBERSBERG I J, et al. The FAIR guiding principles for scientific data management and stewardship[J]. Scientific Data, 2016, 3(1): 160018.

[43] HILL T. Turning FAIR into reality[J]. Learned Publishing, 2019, 32(3): 283-286.

[44] MONS B, NEYLON C, VELTEROP J, et al. Cloudy, increasingly FAIR; revisiting the FAIR data guiding principles for the European open science cloud[J]. Information Service & Use, 2017, 37(1): 49-56.

中英文对照表

中　　文	英文（缩略语）
联合国教科文组织	United Nations Educational, Scientific and Cultural Organization（UNESCO）
世界卫生组织	World Health Organization（WHO）
国际科学理事会	International Science Council（ISC）
国际科技与医学出版商协会	International Association of Scientific, Technical & Medical Publishers（STM）
国际科技数据委员会	Committee on Data for Science and Technology（CODATA）
世界数据系统	World Data System（WDS）
研究数据联盟	Research Data Alliance（RDA）
中国科学院	Chinese Academy of Sciences（CAS）
俄罗斯科学院	Russian Academy of Sciences
美国国家健康研究所	National Institutes of Health, United State（NIH）
法国科学研究中心	Centre National de la Recherche Scientifique（CNRS）
法国国家农业食品与环境研究院	National Research Institute for Agriculture, Food and Environment（INRAE）
中国科学院大学	University of Chinese Academy of Sciences
哈佛大学	Harvard University
剑桥大学	University of Cambridge
英国伦敦大学学院	University College London
巴黎文理研究大学	Paris Sciences et Lettres University

续表

中　　文	英文（缩略语）
德黑兰医科大学	Tehran University of Medical Sciences
尼日利亚科文纳特大学	Covenant University
开放科学计划书	UNESCO Recommendation on Open Science（UROS）
联合国可持续发展计划	Sustainable Development Goals（SDGs）
临床	Clinical
组学	Omics
流行病学	Epidemiology
社会学	Social Science
医学	Medicine
地球与行星科学	Earth and Planetary Sciences
农业和生物科学	Agricultural and Biological Sciences
催化作用，合成（化学），催化剂	Catalysis, Synthesis (Chemical), Catalysts
物理学和天文学	Physics and Astronomy
药理学、毒理学和药剂学	Pharmacology, Toxicology and Pharmaceutics
计算机科学	Computer Science
社会科学	Social Sciences
商业、管理和会计	Business, Management and Accounting
艺术与人文	Arts and Humanities
经济学、计量经济学和金融学	Economics, Econometrics and Finance
生物化学、遗传学和分子生物学	Biochemistry, Genetics and Molecular Biology
基因组，肿瘤，基因	Genome, Neoplasms, Genes
研究，数据，信息传播	Research, Data, Information Dissemination
化学工程学	Chemical Engineering
数学	Mathematics

续表

中文	英文（缩略语）
决策学	Decision Sciences
免疫学与微生物学	Immunology and Microbiology
冠状病毒	Coronavirus
疾病暴发	Disease Outbreak
严重急性呼吸综合征	Severe Acute Respiratory Syndrome
数据出版	Data Publishing
数据开放	Open Data
数据共享	Data Sharing
数据期刊	Data Journal
同行评议	Peer Review
数据描述	Data Description
可发现	Findable
可访问	Accessible
可互操作	Interoperable
可重用	Reusable
机器友好性	Machine-Friendly
永久标识符	Digital Object Identifier（DOI）
中国科技资源标识	Common Science and Technology Resource（CSTR）

反侵权盗版声明

电子工业出版社依法对本作品享有专有出版权。任何未经权利人书面许可，复制、销售或通过信息网络传播本作品的行为；歪曲、篡改、剽窃本作品的行为，均违反《中华人民共和国著作权法》，其行为人应承担相应的民事责任和行政责任，构成犯罪的，将被依法追究刑事责任。

为了维护市场秩序，保护权利人的合法权益，我社将依法查处和打击侵权盗版的单位和个人。欢迎社会各界人士积极举报侵权盗版行为，本社将奖励举报有功人员，并保证举报人的信息不被泄露。

举报电话：（010）88254396；（010）88258888
传　　真：（010）88254397
E-mail：　dbqq@phei.com.cn
通信地址：北京市万寿路173信箱
　　　　　电子工业出版社总编办公室
邮　　编：100036